教育部"使用信息技术工具改造课程"项目教材

线性代数机算与应用指导

（MATLAB 版）

杨　威　高淑萍　编著

陈怀琛　主审

西安电子科技大学出版社

内 容 简 介

本书是根据教育部"使用信息技术工具改造课程"项目的需求编写而成的。全书分为基础篇和应用篇共 15 个实验,所有实验均借助 MATLAB 软件来实现,实验内容包括了线性代数的基本运算和基本应用。本书以线性代数理论知识带动 MATLAB 软件的学习,把线性代数的理论、线性代数的应用及 MATLAB 软件三者融为一体。

本书可作为高等院校本科各个专业线性代数的配套教材,也可作为大学生、教师和工程技术人员的参考读物。

图书在版编目(CIP)数据

线性代数机算与应用指导(MATLAB 版)/杨威,高淑萍编著.
—西安:西安电子科技大学出版社,2009.4(2013.3 重印)
教育部"使用信息技术工具改造课程"项目教材
ISBN 978 - 7 - 5606 - 2229 - 3

Ⅰ. 线… Ⅱ. ① 杨… ② 高… Ⅲ. 线性代数－计算机辅助计算－软件包,MATLAB－高等学校－教材 Ⅳ. O151.2 - 39

中国版本图书馆 CIP 数据核字(2009)第 040143 号

策 划	毛红兵
责任编辑	毛红兵 孟秋黎
出版发行	西安电子科技大学出版社(西安市太白南路 2 号)
电 话	(029)88242885 88201467 邮 编 710071
网 址	www.xduph.com 电子邮箱 xdupfxb001@163.com
经 销	新华书店
印刷单位	陕西天意印务有限责任公司
版 次	2009 年 4 月第 1 版 2013 年 3 月第 3 次印刷
开 本	787 毫米×960 毫米 1/16 印张 7
字 数	134 千字
印 数	8001~11 000 册
定 价	12.00 元

ISBN 978 - 7 - 5606 - 2229 - 3/O • 0095

XDUP 2521001－3

关于"用 MATLAB 及建模实践改造工科线性代数课程"项目的介绍(代序)

1983 年,邓小平提出了"教育要面向现代化,面向世界,面向未来"的号召,2008 年胡锦涛在十七大报告中又提出了"提高教育现代化水平"的任务,并反复强调了建立创新社会的要求。2009 年 1 月 4 日,温家宝总理在《国家中长期教育改革和发展规划纲要》会议上再次强调了制订教育规划的指导思想:第一是要坚持"三个面向",第二是要坚持改革创新精神。还特别提出"要树立先进的教育理念,冲破传统观念和体制的束缚"。在这样的大背景下,2009 年 1 月,教育部用信息技术改造课程项目——"用 MATLAB 及建模实践改造工科线性代数课程"由我校牵头,与 15 所参加高校一起共同承担、完成。这本书的出版就是项目实施方案的一项内容,我想借此机会,把项目的情况作一介绍。

为什么以线性代数课程为突破口?主要因为它的基础地位,也因为它的问题比较突出。这门课存在的主要问题是满足不了后续课程的需求。如将工科机电专业的大学四年课程作一分析可知,大概有十多门课程涉及高阶、复数和超定线性方程组的求解。但是学完线性代数课程发现,高阶线性方程组问题仍然解不了,解低阶问题还不如中学的代入法方便,所以后续课程几乎都不用矩阵建模,没有起到打基础的作用。打一个比方,如果把中学代数中的"代入法"看做手推独轮车,解低阶线性方程组用的,那么线性代数应该是载重汽车,要解大规模线性方程组的。为什么学完线性代数后不解决问题?原因何在?因为我们只教学生汽车的内部构造和设计方法,却不教开车,不教认路,而且油箱中没有油(指计算软件),这样的载重汽车当然不如独轮车了。

从现代科学的观点出发,线性代数是组织海量(例如几百万个)数据进行科学计算的最好工具,它的重要性正由于与计算机结合而日益提高,达到了可以与微积分相媲美的程度。在美国,早在 1990 年就开始强调工科线性代数必须使用最新的计算工具,并且面向应用。1992 年,美国国家科学基金会(NSF)资助了一个 ATLAST 计划("用软件工具增强线性代数教学"的缩写),用 6 年时间培训了大批会用数学软件的教师,课程体系有了很大的改变。所以我们的项目就是要给这辆汽车加油(MATLAB 软件),教大家如何开车(机算),如何认路(建模),使它从一门应试用的考研理论课程变成一个学习后续课程的强大工具。

根据以上的分析,在 2005 年,按照"技术推动"和"需求牵引"两条原则,我们编写出版了《线性代数实践及 MATLAB 入门》。在此基础上,申报并实施了"用软件工具提高线性代数教学水平"校基金项目。首先举办了全校线性代数老师参加的教师培训研讨班,然后在教师认识基本一致的基础上，进行了线性代数课程包含机算和应用的新教学内容、教学方式的改革试点，并编著出版了面向学生的新型教材《工程线性代数（MATLAB版）》。这本书引进了机算和建模应用，其特点是"将概念从几何角度引入，做到抽象与形象的结合；繁琐计算都有简明程序，推动笔算与机算的结合；丰富实例诠释了课程的价值，实现理论与实践的结合；与后续课程应用紧密衔接，体现了需求牵引和课程的地位。"

这项创新性教学改革已进行了三年的试点，深受参试学生的欢迎和好评。2008 年 5 月，教育部基础数学课程分教指委和学校对此项改革进行了联合鉴定，给予了高度的评价："课题组编写的《线性代数实践及 MATLAB 入门》及《工程线性代数（MATLAB 版）》两本教材，较好的体现了经典理论与现代计算手段相结合，将抽象概念形象化，使一些复杂的计算问题得以实现，激发了学生学习的兴趣，培养了解决问题的能力，提高了教学质量。为后续相关课程中应用线性代数知识打下了很好的基础。该项目改革理念先进，特色鲜明，具有创新性，是一项高水平的教学改革成果，具有很好的推广价值。"

按照教育部的要求，"用 MATLAB 及建模实践改造工科线性代数课程"项目的目标是：联合 15 所高校，在两年内，把数学软件充分地应用于工科线性代数课程的改造，精简理论，强化实践，大力提高本课程的教学质量，提高学生的科学计算能力，进而对后续课产生辐射效应。根据试点经验，我们认为用《工程线性代数（MATLAB 版）》作为教材，效果还是很不错的。考虑到各个高校的情况不同，我们又提出了一种实施方案，就是保留各校原有的理论教材，另编一本《线性代数机算与应用指导》来"打补丁"。这本书提供了近 30 幅概念图示、近 20 个常用的重要机算命令和 11 个应用实例，基本上能达到"抽象与形象的结合"、"笔算与机算的结合"和"理论与实践的结合"这三方面的要求。

以上方案要求学生有初步的 MATLAB 软件基础。考虑到各高校学生的软件基础差别较大，因此在指导书中采用了"零起点"的假定，当然是基础愈高效果一定也愈好。对 MATLAB 软件，还是多学一点，学好一点更好。因为所有的工程设计和制造，都是用计算机完成的。所以大学的四年中，很重要的一个方面就是要培养科学计算能力，指的是利用现代计算工具，解决教学和科研中计算问题的能力。它包括掌握最新的科学计算软件、建立适当的计算模型、采用正确的计算方法、实现高效的编程和运算、对计算结果作正确的表述和图解等多方面的综合能力。

教育部为此项目建立的博客地址为：http://kecheng.enetedu.com/，本项目的校内网址为：http://www.xidian.edu.cn/jyjx/jyjx.htm。另外我们又建立了一个把 MATLAB 软件用于后续课程的网址：http://www.matlabedu.cn/。欢迎读者浏览。

陈怀琛

2009 年 3 月

前　言

　　线性代数是高等院校工、管、理专业的一门重要基础课程，是用数学知识解决实际问题的一个强有力的工具，广泛地应用于物理、力学、信号与信号处理、系统控制、电子、通信、航空等学科领域。计算机技术的发展已经对人们的物质生活和文化生活产生了十分巨大的影响，其最显著的功能就是高速度地进行大量计算，这种高速计算使得许多过去无法求解的问题成为可能，因而科学计算已成为与理论研究、科学实验并列的科学研究的三大手段。线性代数课程除了培养学生的逻辑推理能力、抽象思维能力、基本运算能力外，还应注重培养学生的数学建模能力与数值计算能力（包括数据处理能力），学会用数学方法解决实际问题，会用计算机进行一定的科学计算。但是，线性代数的应用及机算是我国目前教学中的一个薄弱环节。如传统的线性代数教材中，涉及线性代数应用的实例很少，涉及行列式和矩阵的阶数和规模很低，其中的数字也比较简单。然而，来源于实际问题的代数形式的数学模型中，情况则大不相同，行列式的阶数可能很高，矩阵的规模可能很大，其中的数字也可能比较复杂，在这种情况下仅用笔和纸靠手算几乎是不可能实现的。

　　本书是根据教育部"使用信息技术工具改造课程"项目的需求，结合作者长期从事线性代数和 MATLAB 软件的教学经验和体会，并借鉴国内外优秀教材的优点编写而成的。本书内容由基础篇和应用篇组成。在基础篇中介绍了如何用 MATLAB 软件进行线性代数的各种运算。其中包括矩阵的基本运算、数值和符号行列式的计算、向量组的线性相关性及线性表示、线性方程组的求解、特征值和特征向量的求解、矩阵的对角化、二次型的标准化、二次型正定性分析、线性变换等。此外还介绍了 MATLAB 软件的简单绘图命令，通过绘制图形，对线性代数中若干概念的几何意义进行了分析和讨论。在应用篇中，分别介绍了线性代数若干概念的具体应用实例，并给出了利用 MATLAB 软件来解决实际问题的方法。本书和其他类似教材相比，具有以下三个鲜明的特点：

　　1. 未把"MATLAB 软件入门"作为一章，而是在解决具体线性代数问题时，学习 MATLAB 的相应命令，以线性代数的知识带动 MATLAB 软件的学习。

　　2. 利用 MATLAB 软件的绘图功能把线性代数的许多概念赋予了鲜明的几何意义。从方程组的解到向量组的线性表示，从线性变换到特征值特征向量，从二次型的标准化到二次型的正定性，都给出了它们的几何意义，使学生能够更好地理解线性代数的抽象概念。

3. 把线性代数的理论、线性代数的应用及 MATLAB 软件三者有机融为一体。丰富的应用实例不仅可激发学生的学习兴趣，提高应用线性代数知识解决实际问题的能力，而且可加深学生对线性代数理论知识的理解，深刻体会 MATLAB 软件工具的强大功能。

大学数学教育的灵魂在于数学素质的教育。注重培养学生的创新能力、用数学思想解决实际问题的能力以及数值计算和数据分析的能力，是培养 21 世纪科技人才的重要而根本的要求。本书就是在这样的理念下编写而成的。

全书由陈怀琛教授审阅。

由于作者水平有限，书中一定存在一些疏漏，恳请读者多提宝贵意见，以便进一步修改和完善。

编　者

2009 年 3 月

于西安电子科技大学

目　　录

基　础　篇

应　用　篇

基础篇

本篇包含 5 个线性代数的基础实验，从矩阵运算到方程组的求解；从向量组线性相关性分析到矩阵的对角化；从矩阵特征值和特征向量求解到二次型的标准化及正定性的分析，都给出了利用 MATLAB 软件的求解方法。利用 MATLAB 软件的绘图功能，对线性代数若干概念的几何意义进行了分析和讨论。

实验 1　矩阵的基本运算

1.1　实验目的

1. 掌握 MATLAB 软件的矩阵赋值方法；
2. 掌握 MATLAB 软件的矩阵加法、数乘、转置和乘法运算；
3. 掌握 MATLAB 软件的矩阵幂运算及逆运算；
4. 掌握 MATLAB 软件的矩阵元素群运算；
5. 通过 MATLAB 软件进一步理解和认识矩阵的运算规则。

1.2　实验指导

MATLAB 是一种功能强大的科学及工程计算软件，它的名字由"矩阵实验室"的英文 Matrix Laboratoy 的缩写组合而来。它具有以矩阵为基础的数学计算和分析功能，并且具有丰富的可视化图形表现功能及方便的程序设计能力。它的应用领域极为广泛。本实验学习用 MATLAB 软件进行矩阵的基本运算。

启动 MATLAB 后，将显示 MATLAB 操作界面，它包含多个窗口，其中命令窗口是最常用的窗口，如图 1.1 所示。

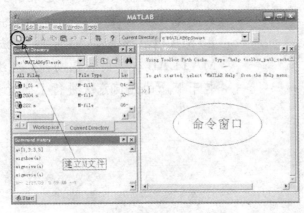

图 1.1　MATLAB 的操作界面

本实验所有例题的 MATLAB 命令都是在命令窗口中键入的。本实验中用到的 MATLAB 的运算符号及命令或函数列举如下。

1. 运算符号

表 1.1 给出了本实验用到的 MATLAB 基本运算符号。

表 1.1　MATLAB 的基本运算符号

运算符号	=	+	−	*	\	/	^	'	.
说明	赋值	加	减	乘	左除	右除	幂运算	转置	群运算

2. 命令或函数

表 1.2 给出了与本实验相关的 MATLAB 命令。若要进一步了解和学习某个命令或函数的详细功能和用法，则可利用 MATLAB 提供的 help 命令。

表 1.2　与本实验相关的 MATLAB 命令

命　　令	功　能　说　明	位置
help inv	在命令窗口中显示函数 inv 的帮助信息	
[ ]	创建矩阵	例 1.1
,	矩阵行元素分隔符号	例 1.1
;	矩阵列元素分隔符号	例 1.1
%	注释行	例 1.1
eye(n)	创建 n 阶单位矩阵	例 1.1
zeros(m, n)	创建 m×n 阶零矩阵	例 1.1
zeros(n)	创建 n 阶零方阵	例 1.1
ones(m, n)	创建 m×n 阶元素全为 1 的矩阵	例 1.1
rand(m, n)	创建 m×n 阶元素为从 0 到 1 的均匀分布的随机数矩阵	例 1.2
round(A)	对矩阵 A 中所有元素进行四舍五入运算	例 1.2
inv(A)	求矩阵 A 的逆	例 1.3
A^−1	用幂运算求矩阵 A 的逆	例 1.3

1.3 实验内容

例 1.1 用 MATLAB 软件生成以下矩阵：

(1) $A = \begin{bmatrix} 9 & 3 & 2 \\ 6 & 5 & 6 \\ 6 & 6 & 0 \end{bmatrix}$; (2) $B = \begin{bmatrix} 1 & 0 & 0 \\ 0 & 1 & 0 \\ 0 & 0 & 1 \end{bmatrix}$;

(3) $C = \begin{bmatrix} 0 & 0 \\ 0 & 0 \end{bmatrix}$; (4) $D = \begin{bmatrix} 1 & 1 & 1 & 1 \\ 1 & 1 & 1 & 1 \\ 1 & 1 & 1 & 1 \\ 1 & 1 & 1 & 1 \end{bmatrix}$。

解 （1）在 MATLAB 命令窗口输入：

　　A=[9, 3, 2; 6, 5, 6; 6, 6, 0]　　% 矩阵同行元素以逗号或空格分隔

或

　　A=[9　3　2；6　5　6；6　6　0]　　　% 行与行之间必须用分号或回车分隔

或

　　A=[9　3　2
　　　　6　5　6
　　　　6　6　0]

结果都为：

　　A =

　　　9　3　2

　　　6　5　6

　　　6　6　0

　　（2）输入：

　　B=eye(3)

结果为：

　　B =

　　　1　0　0

　　　0　1　0

　　　0　0　1

　　（3）输入：

　　C = zeros(2)

结果为：

　　C =

$$\begin{array}{cc} 0 & 0 \\ 0 & 0 \end{array}$$

（4）输入：

D = ones(4)

结果为：

D =

$$\begin{array}{cccc} 1 & 1 & 1 & 1 \\ 1 & 1 & 1 & 1 \\ 1 & 1 & 1 & 1 \\ 1 & 1 & 1 & 1 \end{array}$$

MATLAB 对矩阵赋值有直接输入和命令生成两种方法，本例中矩阵 **A** 就是由键盘直接输入的；而矩阵 **B**、**C** 和 **D** 都是用 MATLAB 命令生成的。

例 1.2 随机生成两个三阶方阵 **A** 和 **B**，分别计算：

（1）$A+B$；   （2）$A-B$；   （3）$5A$；

（4）AB；   （5）A^{T}。

解 输入：

A = round(rand(3) * 10)   % rand(3)：生成三阶元素为 0 到 1 之间的随机实数方阵

% round()：对矩阵元素进行四舍五入运算

B = round(rand(3) * 10)

结果为：

A =

$$\begin{array}{ccc} 10 & 2 & 3 \\ 5 & 10 & 9 \\ 9 & 3 & 7 \end{array}$$

B =

$$\begin{array}{ccc} 1 & 2 & 3 \\ 0 & 3 & 5 \\ 9 & 7 & 1 \end{array}$$

（1）输入：

A+B

结果为：

ans =

$$\begin{array}{ccc} 11 & 4 & 6 \\ 5 & 13 & 14 \\ 18 & 10 & 8 \end{array}$$

其中，"ans"表示这次运算的结果。

（2）输入：

A－B

结果为：

ans ＝

9	0	0
5	7	4
0	−4	6

（3）输入：

5 ∗ A

结果为：

ans ＝

50	10	15
25	50	45
45	15	35

（4）输入：

A ∗ B

结果为：

ans ＝

37	47	43
86	103	74
72	76	49

（5）输入

A′

结果为：

ans ＝

10	5	9
2	10	3
3	9	7

例 1.3 已知矩阵

$$\boldsymbol{A} = \begin{bmatrix} 1 & 2 & 3 \\ 0 & 1 & 0 \\ 2 & 1 & 7 \end{bmatrix}$$

分别计算：

（1）$\boldsymbol{A}^5$；

（2）$\boldsymbol{A}^{-1}$。

解 输入：

A＝[1, 2, 3; 0, 1, 0; 2, 1, 7]

结果为：

A ＝

    1   2   3

    0   1   0

    2   1   7

（1）输入：

A^5

结果为：

ans ＝

    3409   2698   11715

       0   1   0

    7810   6177   26839

（2）输入：

inv(A)

或输入：

A^－1

结果都为：

ans ＝

    7   －11   －3

    0   1   0

   －2   3   1

例 1.4 已知矩阵

$$\boldsymbol{A}=\begin{bmatrix}6 & 9 & 5 \\ 0 & 5 & 2 \\ 2 & 9 & 1\end{bmatrix}$$

$$\boldsymbol{B}=\begin{bmatrix}6 & 6 & 2 \\ 1 & 0 & 4 \\ 2 & 8 & 1\end{bmatrix}$$

且满足 $\boldsymbol{PA}=\boldsymbol{B}$，$\boldsymbol{AQ}=\boldsymbol{B}$，计算矩阵 $\boldsymbol{P}$ 和 $\boldsymbol{Q}$。

解 方法一：利用求逆矩阵的方法。

输入：

A＝[6, 9, 5; 0, 5, 2; 2, 9, 1]

B＝[6, 6, 2; 1, 0, 4; 2, 8, 1]

P＝B * inv(A)

Q＝inv(A) * B

方法二：利用 MATLAB 软件特有的矩阵"左除"和"右除"运算。

输入：

A＝[6, 9, 5; 0, 5, 2; 2, 9, 1]

B＝[6, 6, 2; 1, 0, 4; 2, 8, 1]

P＝B/A   % 矩阵右除

Q＝A\B   % 矩阵左除

两种方法的运算结果都为：

A ＝

    6   9   5

    0   5   2

    2   9   1

B ＝

    6   6   2

    1   0   4

    2   8   1

P ＝

    0.8043   −1.3043   0.5870

    0.5761   1.1739   −1.2283

    0.0435   −0.0435   0.8696

Q ＝

    0.6087   1.4565   −1.2065

    0.0435   0.7826   0.2174

    0.3913   −1.9565   1.4565

例 1.5 已知矩阵

$$A=\begin{bmatrix} 5 & 0 & 3 \\ 6 & 2 & 0 \\ 7 & 0 & 1 \end{bmatrix}$$

$$B=\begin{bmatrix} 2 & 1 & 3 \\ 3 & 0 & 6 \\ 4 & 5 & -2 \end{bmatrix}$$

分别按以下要求进行矩阵元素的群运算：

（1）把矩阵 **A** 和矩阵 **B** 所有对应元素相乘，得到 9 个乘积，计算由这 9 个数所构成的同形矩阵 **C**。

（2）对矩阵 **A** 中的所有元素进行平方运算，得到矩阵 **D**，求该矩阵。

解 MATLAB 软件提供了矩阵元素群运算的功能。

输入：

A＝[5, 0, 3; 6, 2, 0; 7, 0, 1]

B＝[2, 1, 3; 3, 0, 6; 4, 5, −2]

结果为：

A ＝

    5   0   3

    6   2   0

    7   0   1

B ＝

    2   1   3

    3   0   6

    4   5 −2

（1）输入：

C＝A. ∗ B   % 在运算符号前加"."，其含义即为矩阵元素的群运算

结果为：

C ＝

   10   0   9

   18   0   0

   28   0 −2

（2）输入：

D＝A.^2   % 在运算符号前加"."，其含义即为矩阵元素的群运算

结果为：

D ＝

   25   0   9

   36   4   0

   49   0   1

1.4　实验习题

1. 利用函数 rand 和函数 round 构造一个 5×5 的随机正整数矩阵 **A** 和 **B**，验证以下等式是否成立：

(1) $AB = BA$；

(2) $(A+B)(A-B) = A^2 - B^2$；

(3) $(AB)^T = B^T A^T$。

2. 已知向量 $\boldsymbol{\alpha} = (1 \quad 2 \quad 3 \quad 4)$，$\boldsymbol{\beta} = (7 \quad 0 \quad 1 \quad 0)$，请计算它们的内积。要求：

(1) 用矩阵相乘命令计算；

(2) 用矩阵元素群运算的方法计算。

3. 已知 $XA = B$，其中，

$$A = \begin{bmatrix} 5 & 3 & 1 \\ 1 & -3 & -2 \\ -5 & 2 & 1 \end{bmatrix}$$

$$B = \begin{bmatrix} -8 & 3 & 0 \\ -5 & 9 & 0 \\ -2 & 15 & 0 \end{bmatrix}$$

用求逆矩阵和矩阵右除两种方法求矩阵 X。

4. 已知 $BA - B = A$，其中

$$B = \begin{bmatrix} 1 & -2 & 0 \\ 2 & 1 & 0 \\ 0 & 0 & 2 \end{bmatrix}$$

用求逆矩阵和矩阵左除两种方法求矩阵 A。

5. 已知

$$A = \begin{bmatrix} 1 & 2 & 3 & 4 & 5 \\ 2 & 3 & 4 & 5 & 1 \\ 3 & 4 & 5 & 1 & 2 \\ 4 & 5 & 1 & 2 & 3 \\ 5 & 1 & 2 & 3 & 4 \end{bmatrix}$$

求 A^5，A^{-1}。

实验 2　行列式与方程组的求解

2.1　实验目的

1. 掌握 MATLAB 软件求行列式的命令；
2. 掌握 MATLAB 软件求矩阵秩的命令；
3. 掌握 MATLAB 软件对矩阵进行初等行变换的命令；
4. 掌握 MATLAB 软件求解满秩线性方程组的各种方法；
5. 掌握 MATLAB 软件符号变量的应用；
6. 通过 MATLAB 软件验证与行列式相关的各种公式和定理，从而加深对相关概念的理解。

2.2　实验指导

本实验利用 MATLAB 软件来计算与行列式相关的各种运算问题，其中包括：行列式的求解、矩阵秩的求解、矩阵逆的求解、利用克莱姆法则解方程组、验证行列式按行(列)展开定理及符号变量在行列式中的应用等。

MATLAB 软件不仅拥有简单明了的命令窗口，而且也提供了程序编辑器。在实验 1图 1.1 所示的 MATLAB 操作界面中，点击左上方的按钮 ，即可打开 MATLAB 的 M 文件编辑器窗口，如图 2.1 所示，在这个窗口中可以编写扩展名为 M 的文件。

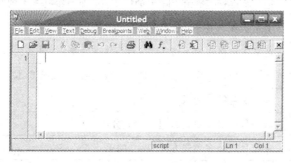

图 2.1　MATLAB 的 M 文件编辑器

表 2.1 给出了与本实验相关的 MATLAB 命令。

表 2.1　与本实验相关的 MATLAB 命令

命　　令	功　能　说　明	位　置
A=[…];	在赋值语句后，若有一个分号"；"，它的含义是不在窗口中显示矩阵 A	例 2.1
U=rref(A)	对矩阵 A 进行初等行变换，矩阵 U 为矩阵 A 的最简行阶梯矩阵	例 2.1
clear	清除工作空间中的各种变量，往往写在一个程序最前面	例 2.1
n=input('…')	数据输入函数，单引号内的字符串起说明作用	例 2.1
if…elseif…end	条件语句，控制程序流程，和 C 语言功能类似	例 2.1
[m，n]=size(A)	计算结果为一个二维行向量，m，n 分别存放矩阵 A 的行数和列数	例 2.1
==	关系运算符号：等于	例 2.1
～=	关系运算符号：不等于	例 2.1
∣	逻辑运算符号：逻辑或	例 2.1
disp('…')	显示单引号中的字符串	例 2.1
det(A)	计算矩阵 A 的行列式	例 2.1
B(：，i)=b	把向量 b 赋给矩阵 B 的第 i 列，要求矩阵 B 的列向量和向量 b 同型	例 2.1
[A，eye(5)]	创建一个 5×10 的矩阵，前 5 列为矩阵 A，后 5 列为单位矩阵 I	例 2.2
B(：，1：5)	取矩阵 B 的第 1 列至第 5 列	例 2.2
rank(A)	计算矩阵 A 的秩	例 2.2
for…end	for 循环语句，控制程序流程，和 C 语言功能类似	例 2.2
T(1，：)=[]	把一个空行[]赋给矩阵 T 的第 1 行，即删除矩阵 T 的第 1 行	例 2.2
A(i，j)	引用矩阵 A 中第 i 行第 j 列的元素	例 2.2
format short	定义输出格式为短格式，显示小数点后 4 位，缺省为 format short	例 2.2
format long	定义输出格式为长格式，显示小数点后 14 位或 15 位	例 2.2
syms x	定义 x 为符号变量	例 2.3
factor(D)	对符号变量多项式 D 进行因式分解	例 2.3
solve(D)	求符号变量多项式方程 D=0 的解	例 2.3
randn(m，n)	创建 m×n 阶均值为 0、方差为 1 的标准正态分布的随机矩阵	例 2.4

2.3 实验内容

例 2.1 已知非齐次线性方程组：

$$\begin{cases} 6x_1 + 2x_2 + 3x_3 + 4x_4 + 5x_5 = 80 \\ 2x_1 - 3x_2 + 7x_3 + 10x_4 + 13x_5 = 59 \\ 3x_1 + 5x_2 + 11x_3 - 16x_4 + 21x_5 = 90 \\ 2x_1 - 7x_2 + 7x_3 + 7x_4 + 2x_5 = 22 \\ 7x_1 + 3x_2 - 5x_3 + 3x_3 + 10x_5 = 85 \end{cases}$$

要求用下列方法求解该方程组：

（1）求逆矩阵法；

（2）矩阵左除法；

（3）初等行变换；

（4）克莱姆法则。

解 （1）把齐次线性方程组写为矩阵形式：

$$Ax = b$$

则

$$x = A^{-1}b$$

直接在 MATLAB 的命令窗口输入：

A＝[6，2，3，4，5；2，－3，7，10，13；3，5，11，－16，21；2，－7，7，7，2；7，3，－5，3，10]；

　　　　%赋值语句最后的分号";"表示不在窗口中显示矩阵 A

b＝[80；59；90；22；85]；

x＝inv(A)＊b

%或：x＝A^－1＊b

计算结果为：

x ＝

　　　9.0000

　　　3.0000

　　　2.0000

　　　1.0000

　　　2.0000

（2）矩阵的乘法不遵守乘法交换律，MATLAB 软件定义了矩阵左除和矩阵右除运算，针对方程组的矩阵形式 $Ax=b$，等式两端同时左除 A，得到用 MATLAB 的形式表述为

x＝A\b

在 MATLAB 命令窗口中输入：

```
A＝[6，2，3，4，5；2，−3，7，10，13；3，5，11，−16，21；2，−7，7，7，2；7，3，−5，3，10]；
b＝[80；59；90；22；85]；
x＝A\b                %符号"\"即为左除运算，注意它的方向
```

结果为：

```
x =
    9.0000
    3.0000
    2.0000
    1.0000
    2.0000
```

（3）用初等行变换，把方程组的增广矩阵变换为最简行阶梯形式，从而得到方程组的解。

在 MATLAB 命令窗口中输入：

```
A＝[6，2，3，4，5；2，−3，7，10，13；3，5，11，−16，21；2，−7，7，7，2；7，3，−5，3，10]；
b＝[80；59；90；22；85]；
U＝rref([A，b])   %对增广矩阵[A，b]进行行初等变换，矩阵 U 为矩阵 A 的最简行阶梯形矩阵
```

运算结果为：

```
U =
    1    0    0    0    0    9
    0    1    0    0    0    3
    0    0    1    0    0    2
    0    0    0    1    0    1
    0    0    0    0    1    2
```

矩阵 U 即为方程组增广矩阵的最简行阶梯形矩阵，矩阵的最后一列即为方程组的解。

（4）根据克莱姆法则，有

$$x_i = \frac{D_i}{D}$$

其中，D 是方程组的系数行列式，D_i 是用常数列向量 b 代替系数行列式的第 i 列所得到的行列式。

用 MATLAB 的 M 文件编辑器，编写 la01.m 文件如下：

```
%用克莱姆法则求解方程组
clear                        %清除变量
n＝input('方程个数 n＝')       %请用户输入方程个数
A＝input('系数矩阵 A＝')       %请用户输入方程组的系数矩阵
```

— 14 —

```
b=input('常数列向量 b=')              % 请用户输入常数列向量
if (size(A)~=[n, n]) | (size(b)~=[n, 1])   % 判断矩阵 A 和向量 b 输入格式是否正确
    disp('输入不正确，要求 A 是 n 阶方阵，b 是 n 维列向量')   % disp：显示字符串
elseif det(A)==0                      % 判断系数行列式是否为零
    disp('系数行列式为零，不能用克莱姆法则解此方程。')
else
    for i=1：n                        % 计算 x1, x2, …, xn
        B=A；                         % 构造与 A 相等的矩阵 B
        B(：, i)=b；                   % 用列向量 b 替代矩阵 B 中的第 i 列
        x(i)=det(B)/det(A)；          % 根据克莱姆法则计算 x1, x2, …, xn
    end
    x=x'                             % 以列向量形式显示方程组的解
end
```

在 MATLAB 命令窗口中输入：

    la01

得到以下人机对话结果：

    方程个数 n=5
    n =
        5
    系数矩阵 A=
    [6, 2, 3, 4, 5; 2, −3, 7, 10, 13; 3, 5, 11, −16, 21; 2, −7, 7, 7, 2; 7, 3, −5, 3, 10]
    A =
        6   2   3   4   5
        2   −3   7   10   13
        3   5   11   −16   21
        2   −7   7   7   2
        7   3   −5   3   10
    常数列向量 b=[80；59；90；22；85]
    b =
        80
        59
        90
        22
        85
    x =
        9
```
```

$$
\begin{matrix}
3 \\
2 \\
1 \\
2
\end{matrix}
$$

显然，当方程组的系数矩阵不是方阵，或系数行列式等于零时，逆矩阵法和克莱姆法都不能实现方程组的求解，而初等行变换的方法适合各种线性方程组的求解，在下一个实验中将继续讨论 rref 命令的详细应用。关于矩阵的左除运算，有着多种含义，在实验 3 和实验 5 中将逐步讨论它的其他功能。

例 2.2 已知

$$
\boldsymbol{A} = \begin{bmatrix}
-7 & -2 & -6 & 4 & 6 \\
1 & 3 & -6 & 3 & 11 \\
3 & -11 & 9 & 5 & -2 \\
-3 & 0 & -2 & 9 & -3 \\
7 & 30 & -18 & 11 & 4
\end{bmatrix}
$$

用以下方法求矩阵 $\boldsymbol{A}$ 的逆：

(1) 矩阵左除和右除运算；

(2) 初等行变换；

(3) 利用伴随矩阵 $\boldsymbol{A}^*$ 求逆的公式 $\boldsymbol{A}^{-1} = \dfrac{\boldsymbol{A}^*}{|\boldsymbol{A}|}$。

解 在实验 1 中已经介绍了两种求矩阵逆的方法：一种是命令法 inv(A)，一种是幂运算法 A^−1。下面分别给出求逆矩阵的其他方法。

(1) MATLAB 软件定义了矩阵的左除运算和右除运算，给矩阵运算带来了很大的方便。

若从公式 $\boldsymbol{A}^{-1}\boldsymbol{A} = \boldsymbol{I}$ 出发，等式两边同时右除矩阵 $\boldsymbol{A}$，得到

     A^{-1}=I/A

从而求得矩阵 $\boldsymbol{A}$ 的逆阵；

若从公式 $\boldsymbol{A}\boldsymbol{A}^{-1} = \boldsymbol{I}$ 出发，等式两边同时左除矩阵 $\boldsymbol{A}$，得到

     A^{-1}=A\I

同样可以求得矩阵 $\boldsymbol{A}$ 的逆阵。需要注意的是，左除和右除不仅是矩阵的左右位置不同，其运算符号也是不同的。

(2) 笔算一个具体 n 阶方阵 $\boldsymbol{A}$ 的逆阵时，往往采用初等行变换法，即把 n 阶矩阵 $\boldsymbol{A}$ 和 n 阶单位矩阵 $\boldsymbol{I}$ 并排放在一起，然后对 $n \times 2n$ 矩阵 $(\boldsymbol{A}|\boldsymbol{I})$ 做初等行变换，当其变为最简行阶梯矩阵时，如果该矩阵的前 n 列为单位矩阵 $\boldsymbol{I}$，则该矩阵的后 n 列就是矩阵 $\boldsymbol{A}$ 的逆矩阵

A^{-1}；如果该矩阵的前 n 列不是单位矩阵 I，则矩阵 A 不可逆。

（3）根据 $AA^* = A^*A = |A|I$，可以得到求逆矩阵公式：

$$A^{-1} = \frac{A^*}{|A|}$$

其中，A^* 为矩阵 A 的伴随矩阵。

在 MATLAB 的 M 文件编辑器中，编写程序 la02.m：

```
% 逆矩阵各种求法：
clear
A=[-7, -2, -6, 4, 6; 1, 3, -6, 3, 11; 3, -11, 9, 5, -2; -3, 0, -2, 9, -3; 7, 30, -18, 11, 4];
    % 1.命令法：
An1=inv(A)
    % 2.幂运算法：
An2=A^-1
    % 3.右除法：
An3=eye(5)/A                    % eye(5)为 5 阶单位矩阵
    % 4.左除法：
An4=A\eye(5)
    % 5.初等行变换法：
B=rref([A, eye(5)]);    % 对矩阵[A，I]进行初等行变换，B 为矩阵 A 的最简行阶梯矩阵
if(rank(B(:, 1:5))==5)          % 判断最简行阶梯矩阵 B 的前 5 列是否为单位阵
    An5=B(:, 6:10)             % 取出矩阵的后 5 列，并显示
else
    disp('A 不可逆');
end
    % 6.伴随矩阵求逆法：
for i=1:5                       % 构造伴随矩阵的 5×5 个元素
    for j=1:5
        T=A;                   % 把矩阵 A 赋给矩阵 T
        T(i, :)=[];            % 删去矩阵 T 的第 i 行
        T(:, j)=[];    % 删去矩阵 T 的第 j 列，此时，|T|为矩阵 A 元素 aij 的余子式
        AA(j, i)=(-1)^(i+j)*det(T);    % 算出 aij 的代数余子式，并放入矩阵 AA 的第
                               % j 行、第 i 列，当循环结束，矩阵 AA 即为 A 的伴随矩阵
    end
end
if det(A)~=0
```

```
    An6＝AA/det(A)
else
    disp('A 不可逆');
end
```

运算程序 la02，前四个方法计算结果相同：

$$1.0e+004 *$$

−1.5895	1.3448	−1.0646	1.6206	−0.6308
1.6298	−1.3789	1.0916	−1.6617	0.6468
2.5392	−2.1483	1.7007	−2.5889	1.0077
0.3631	−0.3072	0.2432	−0.3702	0.1441
0.9860	−0.8342	0.6604	−1.0053	0.3913

后两个方法计算结果相同：

−15895	13448	−10646	16206	−6308
16298	−13789	10916	−16617	6468
25392	−21483	17007	−25889	10077
3631	−3072	2432	−3702	1441
9860	−8342	6604	−10053	3913

从计算结果可以发现，前四个方法得到的是实数矩阵，而后两个方法得到的是整数矩阵。如果在 MATLAB 环境下键入：

    format long   （以上结果是在 format short 格式下得到的。）

然后再重新运行该程序，会发现前四个方法的运算结果存在误差，这是计算机做数值运算时存在舍入误差的原因。为了进一步观察计算机做数值运算所产生的误差，现在用上述六

种方法来计算矩阵 $A = \begin{bmatrix} 1 & 2 & 3 \\ 10 & 10 & 10 \\ 11 & 12 & 13 \end{bmatrix}$ 的逆。

前四种方法得到以下类似结果：

    Warning: Matrix is close to singular or badly scaled.
        Results may be inaccurate. RCOND = 2.135044e−018.

    ans =

    1.0e+015 *

−4.5036	−4.5036	4.5036
9.0072	9.0072	−9.0072
−4.5036	−4.5036	4.5036

显然此结果是不正确的，因为 A 不可逆。

例 2.3 解方程：

$$\begin{vmatrix} 3 & 2 & 1 & 1 \\ 3 & 2 & 2-x^2 & 1 \\ 5 & 1 & 3 & 2 \\ 7-x^2 & 1 & 3 & 2 \end{vmatrix} = 0$$

解 MATLAB 软件定义了"符号变量"的概念。在 MATLAB 的 M 文件编辑器中，应用"符号变量"编写程序 la03. m：

```
% 求解符号行列式方程
clear all                    % 清除各种变量
syms x                       % 定义 x 为符号变量
A=[3, 2, 1, 1; 3, 2, 2−x^2, 1; 5, 1, 3, 2; 7−x^2, 1, 3, 2]
                             % 给矩阵 A 赋值
D=det(A)                     % 计算含符号变量矩阵 A 的行列式 D
f=factor(D)                  % 对行列式 D 进行因式分解
                             % 从因式分解的结果可以看出方程的解
X=solve(D)                   % 求方程"D=0"的解
```

在 MATLAB 的命令窗口输入：

```
la03
```

运行结果为：

```
A =
[     3,     2,    1,    1]
[     3,     2,  2−x^2,   1]
[     5,     1,    3,    2]
[  7−x^2,     1,    3,    2]
D =
−6+9*x^2−3*x^4
f =
−3*(x−1)*(x+1)*(x^2−2)
X =
[       1]
[      −1]
[  2^(1/2) ]
[  −2^(1/2)]
```

向量 **X** 即为方程的解，MATLAB 针对符号变量可以得出解析解。

例 2.4 请用 MATLAB 软件验证行列式按行(列)展开公式：

$$\sum_{k=1}^{n} a_{ik}A_{jk} = \begin{cases} |\,\boldsymbol{A}\,|, & \text{当 } i = j \\ 0, & \text{当 } i \neq j \end{cases}$$

解 用 MATLAB 程序构造一个 5 阶随机数方阵 $\boldsymbol{A}$。

首先，按第一行展开：

$$s = a_{11}A_{11} + a_{12}A_{12} + \cdots + a_{15}A_{15}$$

验证 s 是否与 $\boldsymbol{A}$ 的行列式相等；

其次，计算 $\boldsymbol{A}$ 的第一行元素与第三行元素对应的代数余子式乘积之和：

$$s = a_{11}A_{31} + a_{12}A_{32} + \cdots + a_{15}A_{35}$$

验算 s 是否为 0。

在 MATLAB 的 M 文件编辑器中，编写程序 la04.m：

```
% 验证行列式按行(列)展开公式
clear
A=round(10 * randn(5));          % 构造 5 阶随机数方阵
D=det(A);                        % 计算矩阵 A 的行列式
% 矩阵 A 按第一行元素展开：s=a11 * A11+a12 * A12+⋯+a15 * A15
s=0;
for i=1: 5
    T=A;
    T(1, : )=[];                 % 删去阵矩第 1 行
    T(: , i)=[];   % 删去矩阵第 i 列。此时，|T| 为矩阵 A 元素 ali 的余子式
    s=s+A(1, i) * (−1)^(1+i) * det(T);
end
e=D−s                            % 验算 D 与 s 是否相等
```

在 MATLAB 的命令窗口中输入：

```
la04
```

计算结果为：

```
e =
    0
```

在 MATLAB 的 M 文件编辑器中，编写程序 la05.m：

```
% 计算 5 阶方阵 A 的第一行元素与第三行元素对应的代数余子式乘积之和
% s=a11 * A31+a12 * A32+⋯+a15 * A35
clear
A=round(10 * randn(5));          % 构造 5 阶随机数方阵
s=0;
```

```
for i=1：5
    T=A;
    T(3，：)=[];                      % 删去矩阵第 3 行
    T(：，i)=[];    % 删去矩阵第 i 列。此时，|T| 为矩阵 A 元素 a3i 的余子式
    s=s+A(1，i)*(-1)^(3+i)*det(T);
end
s                                     % 验算 s 是否为 0
```

在 MATLAB 命令窗口中输入：

la05

计算结果为：

s =

0

2.4 实验习题

1. 利用函数 randn 和函数 round 构造一个 6×6 的随机整数矩阵 $\boldsymbol{A}$，验证矩阵 $\boldsymbol{A}$ 的行列式满足下列性质：

(1) $\boldsymbol{B}=\boldsymbol{A}^{\mathrm{T}}$，验证：$|\boldsymbol{B}|=|\boldsymbol{A}|$；

(2) 把矩阵 $\boldsymbol{A}$ 的第二行和第五行进行对调后的矩阵为 $\boldsymbol{B}$。验证：$|\boldsymbol{B}|=-|\boldsymbol{A}|$；

(3) 把矩阵 $\boldsymbol{A}$ 的第三列加到第一列后的矩阵为 $\boldsymbol{B}$。验证：$|\boldsymbol{B}|=|\boldsymbol{A}|$。

2. 构造 5 阶方阵 $\boldsymbol{A}$，验证公式：

$$\boldsymbol{A}\boldsymbol{A}^* = \boldsymbol{A}^*\boldsymbol{A} = |\boldsymbol{A}|\boldsymbol{I}$$

其中 $\boldsymbol{A}^*$ 为矩阵 $\boldsymbol{A}$ 的伴随矩阵，$\boldsymbol{I}$ 为同阶单位阵。

3. 求解非齐次线性方程组：

$$\begin{cases} -23x_1 - 13x_2 + 14x_3 + 14x_4 - 7x_5 = -104 \\ -2x_1 - 2x_2 + x_3 + 6x_4 - 14x_5 = -114 \\ -4x_1 - 5x_2 - 9x_3 + 2x_4 - 9x_5 = -212 \\ -4x_1 - 7x_2 + x_3 + 0x_4 + 0x_5 = -56 \\ 9x_1 - x_2 + x_3 - 9x_4 + 10x_5 = 120 \end{cases}$$

4. 求下列矩阵的逆：

$$(1) \begin{bmatrix} -10 & 16 & 20 & 5 & -5 \\ 6 & -17 & -12 & -1 & 26 \\ 11 & 5 & 13 & 7 & -11 \\ 22 & -20 & -14 & 6 & -1 \\ 4 & -5 & -11 & -3 & -9 \end{bmatrix};$$

$$(2) \begin{bmatrix} 5 & 3 & 1 & -7 & -10 \\ 2 & -18 & -5 & 3 & 15 \\ -6 & 0 & 3 & 2 & -11 \\ -1 & -7 & 0 & 0 & 0 \\ 12 & -10 & -10 & 1 & 10 \end{bmatrix}。$$

5. 求下列含符号变量的行列式，并要求把结果因式分解。

$$(1) \begin{vmatrix} 1-a & a & 0 & 0 & 0 \\ -1 & 1-a & a & 0 & 0 \\ 0 & -1 & 1-a & a & 0 \\ 0 & 0 & -1 & 1-a & a \\ 0 & 0 & 0 & -1 & 1-a \end{vmatrix};$$

$$(2) \begin{vmatrix} a & b & b & b \\ a & b & a & a \\ a & a & b & a \\ b & b & b & a \end{vmatrix};$$

$$(3) \begin{vmatrix} 1 & 1 & 1 & 1 \\ a & b & c & d \\ a^2 & b^2 & c^2 & d^2 \\ a^4 & b^4 & c^4 & d^4 \end{vmatrix}。$$

实验 3 向量组的线性相关性及方程组的通解

3.1 实验目的

1. 掌握 MATLAB 软件分析向量组线性相关性的方法；
2. 掌握 MATLAB 软件求解线性方程组通解的各种方法；
3. 通过 MATLAB 软件进一步理解和认识齐次线性方程组解空间的概念。

3.2 实验指导

本实验利用 MATLAB 软件来分析向量组的线性相关性、向量的线性表示、齐次线性方程组的通解及非齐次线性方程组的通解。

表 3.1 给出了与本实验相关的 MATLAB 命令。

表 3.1 与本实验相关的 MATLAB 命令

命　　令	功　能　说　明	位置
$[R, s] = \text{rref}(A)$	把矩阵 A 的最简行阶梯矩阵赋给 R；s 是一个行向量，它的元素由 R 的基准元素所在的列号构成	例 3.1
$\text{length}(s)$	计算向量 s 的长度，即向量 s 的维数	例 3.1
end	矩阵的最大下标，即最后一行或最后一列	例 3.1
$\text{null}(A, 'r')$	计算齐次线性方程组 $Ax=0$ 的基础解系	例 3.1
$x0 = A\backslash b$	求非齐次线性方程组 $Ax=b$ 的一个特解 x0	例 3.1
fprintf	按指定格式写文件，和 C 语言功能类似	例 3.2
$\text{find}(s)$	计算向量 s 中非零元素的下标	例 3.2
$\text{subs}(A, k, n)$	将 A 中的所有符号变量 k 用数值 n 来替代	例 3.3

3.3 实验内容

例 3.1 求下面非齐次线性方程组的通解：

$$\begin{cases} 2x_1 + 4x_2 - x_3 + 4x_4 + 16x_5 = -2 \\ -3x_1 - 6x_2 + 2x_3 - 6x_4 - 23x_5 = 7 \\ 3x_1 + 6x_2 - 4x_3 + 6x_4 + 19x_5 = -23 \\ x_1 + 2x_2 + 5x_3 + 2x_4 + 19x_5 = 43 \end{cases}$$

解 在 MATLAB 命令窗口输入以下命令：

A=[2, 4, −1, 4, 16; −3, −6, 2, −6, −23; 3, 6, −4, 6, 19; 1, 2, 5, 2, 19];

　　　　　　　　　　　　% 输入系数矩阵 A

b=[−2; 7; −23; 43];　　　% 输入常数列向量 b

[R, s]=rref([A, b])　　　% 把增广矩阵的最简行阶梯矩阵赋给 R

　　　　　　　　　　　　% 而 R 的所有基准元素在矩阵中的列号构成了行向量 s

计算结果为：

R =

```
    1    2    0    2    9    3
    0    0    1    0    2    8
    0    0    0    0    0    0
    0    0    0    0    0    0
```

s =

```
    1    3
```

在得出该方程组增广矩阵的最简行阶梯矩阵 **R** 后，根据线性代数知识可以得到该齐次线性方程组的通解。

下面在 MATLAB 的 M 文件编辑器中编写程序 la06.m，可以给出该方程组的一个具体特解和对应齐次方程组的通解。

```
% 求齐次线性方程组的通解
clear
A=[2, 4, −1, 4, 16; −3, −6, 2, −6, −23; 3, 6, −4, 6, 19; 1, 2, 5, 2, 19];
                        % 输入系数矩阵 A
b=[−2; 7; −23; 43];     % 输入常数列向量 b
[R, s]=rref([A, b]);    % 把增广矩阵的最简行阶梯矩阵赋给 R
                        % 而 R 的所有基准元素在矩阵中的列号构成了行向量 s
[m, n]=size(A);         % 矩阵 A 的行数、列数赋给了变量 m、n
x0=zeros(n, 1);         % 将特解 x0 初始化为 n 维零列向量
r=length(s);            % 矩阵 A 的秩赋给变量 r
x0(s, :)=R(1: r, end);  % 将矩阵 R 的最后一列按基准元素的位置给特解 x0 赋值
disp('非齐次线性方程组的特解为：')
x0                      % 显示特解 x0
```

disp('对应齐次线性方程组的基础解系为：')

x＝null(A，'r')　　　　　　　　％ 得到齐次线性方程组 Ax＝0 的基础解系 x

在 MATLAB 命令窗口中输入：

la06

运算结果为：

非齐次线性方程组的特解为：

x0 ＝

3

0

8

0

0

对应齐次线性方程组的基础解系为：

x ＝

-2	-2	-9
1	0	0
0	0	-2
0	1	0
0	0	1

则方程组的通解为：

$$k_1\begin{bmatrix} -2 \\ 1 \\ 0 \\ 0 \\ 0 \end{bmatrix} + k_2\begin{bmatrix} -2 \\ 0 \\ 0 \\ 1 \\ 0 \end{bmatrix} + k_3\begin{bmatrix} -9 \\ 0 \\ -2 \\ 0 \\ 1 \end{bmatrix} + \begin{bmatrix} 3 \\ 0 \\ 8 \\ 0 \\ 0 \end{bmatrix}$$

　　此计算方法和与传统的笔算方法一致，所以其结果也是一致的。齐次线性方程组的特解还可以用 MATLAB 的矩阵左除运算来求得，直接在 MATLAB 命令窗口输入以下命令：

A＝[2，4，－1，4，16；－3，－6，2，－6，－23；3，6，－4，6，19；1，2，5，2，19]；

b＝[－2；7；－23；43]；

x0＝A\b　　　　　　　　％ 用矩阵左除运算求得方程组特解 x0

x＝null(A，'r')　　　　　　％ 得到齐次线性方程组 Ax＝0 的基础解系 x

运算结果为：

Warning：Rank deficient，rank ＝ 2 tol ＝ 4.3099e－014.

x0 ＝

$$
x = \begin{array}{c} 0 \\ 0 \\ 7.3333 \\ 0 \\ 0.3333 \end{array}
$$

$$
\begin{bmatrix}
-2 & -2 & -9 \\
1 & 0 & 0 \\
0 & 0 & -2 \\
0 & 1 & 0 \\
0 & 0 & 1
\end{bmatrix}
$$

其中特解 x0 与前一方法的特解不同。(注：如果欠定方程组有解，则它有无穷个特解，通解中只需要任何一个特解即可。)

方程组的通解为：

$$
k_1 \begin{bmatrix} -2 \\ 1 \\ 0 \\ 0 \\ 0 \end{bmatrix} + k_2 \begin{bmatrix} -2 \\ 0 \\ 0 \\ 1 \\ 0 \end{bmatrix} + k_3 \begin{bmatrix} -9 \\ 0 \\ -2 \\ 0 \\ 1 \end{bmatrix} + \begin{bmatrix} 0 \\ 0 \\ 22/3 \\ 0 \\ 1/3 \end{bmatrix}
$$

例 3.2 已知向量组

$$
\boldsymbol{\alpha}_1 = \begin{bmatrix} 1 \\ 1 \\ 0 \\ 2 \\ 2 \end{bmatrix}, \quad
\boldsymbol{\alpha}_2 = \begin{bmatrix} 3 \\ 4 \\ 0 \\ 8 \\ 3 \end{bmatrix}, \quad
\boldsymbol{\alpha}_3 = \begin{bmatrix} 2 \\ 3 \\ 0 \\ 6 \\ 1 \end{bmatrix}, \quad
\boldsymbol{\alpha}_4 = \begin{bmatrix} 9 \\ 3 \\ 2 \\ 1 \\ 2 \end{bmatrix}, \quad
\boldsymbol{\alpha}_5 = \begin{bmatrix} 6 \\ -2 \\ 2 \\ -9 \\ 2 \end{bmatrix}
$$

求出它的最大无关组，并用该最大无关组来线性表示其他向量。

解 笔算的过程为：

$$
A = [\boldsymbol{\alpha}_1, \boldsymbol{\alpha}_2, \boldsymbol{\alpha}_3, \boldsymbol{\alpha}_4, \boldsymbol{\alpha}_5] = \begin{bmatrix}
1 & 3 & 2 & 9 & 6 \\
1 & 4 & 3 & 3 & -2 \\
0 & 0 & 0 & 2 & 2 \\
2 & 8 & 6 & 1 & -9 \\
2 & 3 & 1 & 2 & 2
\end{bmatrix}
$$

对矩阵 A 进行初等行变换，最后变为最简行阶梯矩阵：

$$\begin{bmatrix} 1 & 0 & -1 & 0 & 3 \\ 0 & 1 & 1 & 0 & -2 \\ 0 & 0 & 0 & 1 & 1 \\ 0 & 0 & 0 & 0 & 0 \\ 0 & 0 & 0 & 0 & 0 \end{bmatrix}$$

该矩阵基准元素所在的列号为 1，2，4，则原向量组的一个最大无关组为：$\boldsymbol{\alpha}_1$，$\boldsymbol{\alpha}_2$，$\boldsymbol{\alpha}_4$。根据该矩阵的第 3 列，可以得到：

$$\boldsymbol{\alpha}_3 = -1\boldsymbol{\alpha}_1 + 1\boldsymbol{\alpha}_2 + 0\boldsymbol{\alpha}_4$$

同理，可以得到：

$$\boldsymbol{\alpha}_5 = 3\boldsymbol{\alpha}_1 - 2\boldsymbol{\alpha}_2 + 1\boldsymbol{\alpha}_4$$

根据以上思路，编写 MATLAB 程序 la07.m：

```
% 找向量组的最大无关组，并用它线性表示其他向量
clear
a1=[1；1；0；2；2]；              % 输入 5 个列向量
a2=[3；4；0；8；3]；
a3=[2；3；0；6；1]；
a4=[9；3；2；1；2]；
a5=[6；-2；2；-9；2]；
A=[a1，a2，a3，a4，a5]；          % 由 5 个列向量构造矩阵 A
[R，s]=rref(A)；% 把矩阵 A 的最简行阶梯矩阵赋给了 R，而 R 的所有基准元素在矩阵中的
               % 列号构成了行向量 s。向量 s 中的元素即为最大无关组向量的下标
r=length(s)；                   % 最大无关组所含向量个数赋给 r
fprintf('最大线性无关组为：')   % 输出字符串
for i=1：r
    fprintf('a%d '，s(i))       % 分别输出最大无关组的向量 a1，…
end
for i=1：r                      % 从矩阵 A 中取出最大无关组赋给 A0
    A0(：，i)=A(：，s(i))；
end
A0                             % 显示最大无关组矩阵 A0
s0=[1，2，3，4，5]；             % 构造行向量 s0
for i=1：r
    s0(s(i))=0；                % s(i)是最大无关组的列号
end    % 若 s0 的某元素不为 0，表示该元素为矩阵 A 中除最大无关组以外其他列向量的列号
s0=find(s0)；    % 删除 s0 中的零元素，此时 s0 中元素为其他向量的列号
```

```
    for i＝1：5－r                    ％ 用最大无关组来线性表示其他向量
        fprintf('a%d=', s0(i))
        for j=1：r
            fprintf('%3d * a%d+ ', R(j, s0(i)), s(j));
        end
        fprintf('\b\b \n');               ％ 去掉最后一个"＋"
    end
```

在 MATLAB 命令窗口中输入：

```
la07
```

运行结果为：

最大线性无关组为：a1 a2 a4

A0 ＝

$$\begin{array}{ccc} 1 & 3 & 9 \\ 1 & 4 & 3 \\ 0 & 0 & 2 \\ 2 & 8 & 1 \\ 2 & 3 & 2 \end{array}$$

a3＝ －1 * a1＋   1 * a2＋   0 * a4

a5＝   3 * a1＋   －2 * a2＋   1 * a4

例 3.3　已知齐次线性方程组：

$$\begin{cases} (1-2k)x_1 + 3x_2 + 3x_3 + 3x_4 = 0 \\ 3x_1 + (2-k)x_2 + 3x_3 + 3x_4 = 0 \\ 3x_1 + 3x_2 + (2-k)x_3 + 3x_4 = 0 \\ 3x_1 + 3x_2 + 3x_3 + (11-k)x_4 = 0 \end{cases}$$

当 k 取何值时方程组有非零解？在有非零解的情况下，求出其基础解系。

解　在 MATLAB 的 M 文件编辑器中，编写程序 la08.m。

```
％ 计算带符号变量的齐次线性方程组的解
clear
syms k                          ％ 定义符号变量 k
A=[1−2 * k, 3, 3, 3; 3, 2−k, 3, 3; 3, 3, 2−k, 3; 3, 3, 3, 11−k];    ％ 给系数矩阵赋值
D=det(A);                       ％ 算出系数矩阵的行列式 D
kk=solve(D);                    ％ 解方程"D=0"，得到解 kk，即 k 值
for i=1：4
    AA=subs(A, k, kk(i));       ％ 分别把 k 值代入系数矩阵 A 中
    fprintf('当 k=');
```

```
        disp(kk(i));                  % 显示 k 的取值
        fprintf('基础解系为：\n');
        disp(null(AA))                % 计算齐次线性方程组"Ax＝0"的基础解系
    end
```

在 MATLAB 命令窗口中输入：

　　la08

运算结果为：

　　当 k＝7/2

　　基础解系为：

　　［　1］

　　［　2］

　　［　2］

　　［　－2］

　　当 k＝14

　　基础解系为：

　　［1］

　　［2］

　　［2］

　　［5］

　　当 k＝－1

　　基础解系为：

　　［－1，－1］

　　［1，0］

　　［0，1］

　　［0，0］

　　当 k＝－1

　　基础解系为：

　　［－1，－1］

　　［1，0］

　　［0，1］

　　［0，0］

3.4　实验习题

1. 求下列向量组的一个最大无关组，并把其余向量用此最大无关组线性表示。

$$\boldsymbol{\alpha}_1 = \begin{bmatrix} 2 \\ 1 \\ 6 \\ 5 \\ 6 \end{bmatrix}, \quad \boldsymbol{\alpha}_2 = \begin{bmatrix} 6 \\ 3 \\ 18 \\ 15 \\ 18 \end{bmatrix}, \quad \boldsymbol{\alpha}_3 = \begin{bmatrix} 0 \\ 3 \\ -2 \\ 13 \\ 0 \end{bmatrix}$$

$$\boldsymbol{\alpha}_4 = \begin{bmatrix} -4 \\ 1 \\ -14 \\ 3 \\ -12 \end{bmatrix}, \quad \boldsymbol{\alpha}_5 = \begin{bmatrix} 2 \\ 8 \\ 10 \\ 6 \\ 6 \end{bmatrix}, \quad \boldsymbol{\alpha}_6 = \begin{bmatrix} 0 \\ -1 \\ -8 \\ 25 \\ 0 \end{bmatrix}$$

2. 求下列非齐次线性方程组的通解：

$$\begin{cases} 6x_1 + 3x_2 + 2x_3 + 3x_4 + 4x_5 = 5 \\ 4x_1 + 2x_2 + x_3 + 2x_4 + 3x_5 = 4 \\ 4x_1 + 2x_2 + 3x_3 + 2x_4 + x_5 = 0 \\ 2x_1 + x_2 + 7x_3 + 3x_4 + 2x_5 = 1 \end{cases}$$

3. 已知齐次线性方程组：

$$\begin{cases} (2-k)x_1 + 2x_2 + 4x_3 + 4x_4 = 0 \\ 2x_1 + (3-k)x_2 - x_3 + 0x_4 = 0 \\ -3x_1 + 2x_2 + (5-k)x_3 + 4x_4 = 0 \\ 0x_1 + x_2 + 7x_3 + (8-2k)x_4 = 0 \end{cases}$$

当 k 取何值时方程组有非零解？在有非零解的情况下，求出其基础解系。

实验 4　特征向量与二次型

4.1　实验目的

1. 掌握 MATLAB 软件对向量组正交化的方法；
2. 掌握 MATLAB 软件求矩阵特征值和特征向量的方法；
3. 掌握 MATLAB 软件分析矩阵是否可对角化的方法；
4. 掌握 MATLAB 软件化二次型为标准型的方法；
5. 掌握 MATLAB 软件分析对称阵是否正定的方法；
6. 了解 MATLAB 软件关于矩阵分解的命令。

4.2　实验指导

本实验利用 MATLAB 软件来求解矩阵的特征值和特征向量，分析矩阵的对角化问题，给出二次型标准化的方法，分析二次型的正定性，了解矩阵的分解命令。表 4.1 给出了与本实验相关的 MATLAB 命令。

表 4.1　与本实验相关的 MATLAB 命令

命　　令	功　能　说　明	位置
orth(A)	求出矩阵 A 的列向量组构成空间的一个正交规范基	例 4.1
P＝poly(A)	计算矩阵 A 的特征多项式，P 是一个行向量，其元素是多项式系数	例 4.2
roots(P)	求多项式 P 的零点	例 4.2
r＝eig(A)	r 为一列向量，其元素为矩阵 A 的特征值	例 4.2
eval(lamda)	把符号形式转换为数值形式	例 4.2
[V，D]＝eig(A)	矩阵 D 为矩阵 A 特征值所构成的对角阵，矩阵 V 的列为矩阵 A 的单位特征向量，它与 D 中的特征值一一对应	例 4.3
[V，D]＝schur(A)	矩阵 D 对对称矩阵 A 特征值所构成的对角阵，矩阵 V 的列为矩阵 A 的单位特征向量，它与 D 中的特征值一一对应	例 4.4

命　　令	功　能　说　明	位置
[U，S，V]＝svd(A)	U、V 都是正交矩阵，S 是矩阵 A 的奇异值构成的对角矩阵，满足：$A=USV^T$	例 4.6
[L，U]＝lu(A)	L 为准下三角矩阵，U 为上三角矩阵，满足：$A=LU$	例 4.6
[Q，R]＝qr(A)	Q 为正交矩阵，R 为上三角矩阵，满足：$A=QR$	例 4.6
L＝chol(A)	L 为上三角矩阵，满足：$A=L^TL$（要求矩阵 A 为对称正定阵）	例 4.6

4.3　实验内容

例 4.1　设向量组：

$$\boldsymbol{\alpha}_1 = \begin{bmatrix} 1 \\ 2 \\ 3 \end{bmatrix}, \quad \boldsymbol{\alpha}_2 = \begin{bmatrix} -1 \\ 1 \\ 2 \end{bmatrix}, \quad \boldsymbol{\alpha}_3 = \begin{bmatrix} 5 \\ 1 \\ 0 \end{bmatrix}$$

求由这三个向量生成的子空间 **V** 的一个标准正交基。

解　在 MATLAB 命令窗口输入：

a1＝[1；2；3]；a2＝[-1；1；2]；a3＝[5；1；0]；

A＝[a1，a2，a3]

P＝orth(A)　% 将矩阵 A 的列向量组正交规范化，P 的列构成了空间 V 的一个标准正交基

　　　　　　% P 的列数反应了空间 V 的维数

运算结果为：

P =

　　　−0.9266　　0.3359

　　　−0.3116　−0.4343

　　　−0.2105　−0.8358

从矩阵 P 的列数可以看出，原向量组是线性相关的，它生成的空间是二维的。

例 4.2　已知矩阵

$$A = \begin{bmatrix} 2 & -2 & -20 & -19 \\ -2 & 16 & -9 & 11 \\ -8 & 4 & -6 & 1 \\ 0 & -8 & -4 & -7 \end{bmatrix}$$

求其特征值。

解　在 MATLAB 的 M 文件编辑器中，编写 la09.m 文件，它给出了三种求矩阵特征值的方法：

```
％ 矩阵特征值的求解方法
clear
A＝[2，−2，−20，−19；−2，16，−9，11；−8，4，−6，1；0，−8，−4，−7]；
％方法一：
syms k                          ％ 定义符号变量 k
B＝A−k＊eye(length(A))；         ％ 构造矩阵 B＝(A−kI)
D＝det(B)；                      ％ 计算行列式：|A−kI|
lamda1＝solve(D)                 ％ 求|A−kI|＝0 的符号形式的解
％方法二：
P＝poly(A)；    ％ 计算矩阵 A 的特征多项式，向量 P 的元素为该多项式的系数
lamda2＝roots(P)                 ％ 求该多项式的零点，即特征值
％方法三：
lamda3＝eig(A)                   ％ 直接求出矩阵 A 的特征值
```

在 MATLAB 命令窗口中输入：

```
la09
```

运算结果为：

```
lamda1 ＝
[                                                                              12]
[−1/3＊(19585+120＊22674^(1/2))^(1/3)−385/3/(19585+120＊22674^(1/2))^(1/3)−7/3]
[1/6＊(19585+120＊22674^(1/2))^(1/3)+385/6/(19585+120＊22674^(1/2))^(1/3)
−7/3+1/2＊i＊3^(1/2)＊(−1/3＊(19585+120＊22674^(1/2))^(1/3)+385/3/(19585
+120＊22674^(1/2))^(1/3))]
[1/6＊(19585+120＊22674^(1/2))^(1/3)+385/6/(19585+120＊22674^(1/2))^(1/3)
−7/3−1/2＊i＊3^(1/2)＊(−1/3＊(19585+120＊22674^(1/2))^(1/3)+385/3/(19585
+120＊22674^(1/2))^(1/3))]
lamda2 ＝
−17.3347
  12.0000
   5.1673 ＋ 6.3598i
   5.1673 − 6.3598i
lamda3 ＝
−17.3347
   5.1673 ＋ 6.3598i
   5.1673 − 6.3598i
  12.0000
```

其中，方法一是根据笔算矩阵特征值的算法编写而成，MATLAB 给出了一个符号形

式的解，可以进一步把符号解转化为数值解，输入以下命令：

lamda1＝eval(lamda1)

结果为：

lamda1 =

   12.0000

−17.3347

    5.1673 − 6.3598i

    5.1673 + 6.3598i

例 4.3　求下列矩阵 A 的特征值和特征向量，并判断矩阵是否可以对角化。若能对角化，请找出可逆矩阵 V，使 $V^{-1}AV＝D$。

$$(1)\ A=\begin{bmatrix} 1 & 2 & 3 \\ 2 & 1 & 3 \\ 1 & 1 & 2 \end{bmatrix}; \qquad (2)\ A=\begin{bmatrix} 4 & -1 & -2 \\ 2 & 1 & -2 \\ 2 & -1 & 0 \end{bmatrix}; \qquad (3)\ A=\begin{bmatrix} 1 & -1 & 0 \\ 4 & -3 & 0 \\ 1 & 0 & 1 \end{bmatrix}.$$

解　(1) 在 MATLAB 命令窗口输入：

A=[1, 2, 3; 2, 1, 3; 1, 1, 2];

[V, D]=eig(A)　　　　　　　 % 矩阵 D 为矩阵 A 的特征值构成的对角阵

　　　　　　　　　　　　　　 % 矩阵 V 的列向量为矩阵 A 与特征值 D 对应的特征向量

运行结果为：

V =

     −0.6396　　−0.7071　　−0.5774

     −0.6396　　　0.7071　　−0.5774

     −0.4264　　　0.0000　　　0.5774

D =

    5.0000　　　　　0　　　　　0

       0　　−1.0000　　　　　0

       0　　　　　0　　　0.0000

从矩阵 D 可以看出，矩阵 A 有三个不同的特征值 5、−1、0，则矩阵 V 的 3 个列向量线性无关，所以矩阵 A 可以对角化。可以在 MATLAB 窗口中验算结果 $V^{-1}AV＝D$ 的正确性。

(2) 在 MATLAB 命令窗口输入：

A=[4, −1, −2; 2, 1, −2; 2, −1, 0];

[V, D]=eig(A)

运行结果为：

V =

       0.7276　　−0.5774　　0.7437

       0.4851　　−0.5774　　0.2373

       0.4851　　−0.5774　　0.6250

$$D =$$

2.0000	0	0
0	1.0000	0
0	0	2.0000

从矩阵 D 可以看出，$\lambda_1 = \lambda_3 = 2$ 是矩阵 A 的二重特征根，属于这个特征根的特征向量是否存在两个线性无关的特征向量，需要分析齐次线性方程组 $(A - 2I)x = 0$ 解空间的维数是否等于 2，即分析 $3 - \mathrm{rank}(A - 2I)$ 是否等于 2。

在 MATLAB 命令窗口继续输入：

```
if 3−rank(A−2 * eye(3))==2      % 判断齐次线性方程组(A−2I)x=0 解空间的维数是否为 2
    disp('能对角化');          % 如果解空间维数为 2,则存在 2 个线性无关特征向量
else
    disp('不能对角化');
end
```

运行结果为：

能对角化

从对角矩阵 D 和特征向量构成的矩阵 V 中也可以看出，矩阵 V 的第一列和第三列是属于特征值 2 的特征向量，它们是线性无关的，则矩阵 V 的 3 个列向量线性无关，故矩阵 A 可以对角化。在 MATLAB 命令窗口中，可以验证结果 $V^{-1}AV = D$ 的正确性。

(3) 在 MATLAB 命令窗口输入：

```
A=[1, −1, 0; 4, −3, 0; 1, 0, 1];
[V, D]=eig(A)
```

运行结果为：

$$V =$$

0	0.4364	−0.4364
0	0.8729	−0.8729
1.0000	−0.2182	0.2182

$$D =$$

1.0000	0	0
0	−1.0000	0
0	0	−1.0000

从矩阵 D 可以看出，$\lambda_2 = \lambda_3 = -1$ 是矩阵 A 的二重特征根，在 MATLAB 命令窗口继续输入：

```
if 3−rank(A+eye(3))==2        % 判断齐次线性方程组(A+I)x=0 解空间的维数是否为 2
    disp('能对角化');         % 如果解空间维数为 2,则存在 2 个线性无关特征向量
else
    disp('不能对角化');
```

end

运行结果为：

不能对角化

其实，从对角阵 D 和特征向量构成的矩阵 V 中也可以看出，矩阵 V 的第二列和第三列是属于特征值 -1 的特征向量，它们是线性相关的，即属于特征值 -1 的线性无关的特征向量只有一个。故矩阵 A 不能对角化。

例 4.4 用正交变换法将二次型 $f(x_1, x_2, x_3) = x_1^2 + 2x_2^2 + 2x_3^2 + 4x_2x_3$ 化为标准形。

解 在 MATLAB 的 M 文件编辑器中，编写 la10. m 文件：

```
% 用正交变换法将二次型化为标准型
clear
A=[1, 0, 0; 0, 2, 2; 0, 2, 2];          % 输入二次型的矩阵 A
[V, D]=eig(A); % 其中矩阵 V 即为所求正交矩阵，矩阵 D 为矩阵 A 的特征值构成的对角阵
% 或:[V, D]=schur(A)                % 结果和 eig( )函数相同
disp('正交矩阵为:');
V
disp('对角矩阵为:');
D
disp('标准化的二次型为:');
syms y1 y2 y3
f=[y1, y2, y3] * D *.[y1; y2; y3]
```

在 MATLAB 命令窗口中输入：

```
la10
```

运行结果为：

正交矩阵为：

```
V =

          0      1.0000           0
    -0.7071           0      0.7071
     0.7071           0      0.7071
```

对角矩阵为为：

```
D =

     0      0      0
     0      1      0
     0      0      4
```

标准化的二次型为：

```
f =
y2^2+4 * y3^2
```

— 36 —

矩阵 V 即为所求正交矩阵，把 $x=Vy$ 代入二次型 $f=x^{\mathrm{T}}Ax$，得
$$f = x^{\mathrm{T}}Ax = y^{\mathrm{T}}(V^{\mathrm{T}}AV)y = y^{\mathrm{T}}\Lambda y = y_2^2 + 4y_3^2$$

例 4.5 判断下列矩阵的正定性：

(1) $A = \begin{bmatrix} 1 & 1 & -1 \\ 1 & 2 & -1 \\ -1 & -1 & 5 \end{bmatrix}$；

(2) $B = \begin{bmatrix} 1 & 2 & 3 \\ 2 & 2 & -1 \\ 3 & -1 & 5 \end{bmatrix}$；

(3) $C = \begin{bmatrix} -3 & 2 & 1 \\ 2 & -3 & 0 \\ 1 & 0 & -3 \end{bmatrix}$；

(4) $D = \begin{bmatrix} 1 & 2 & -1 \\ 2 & 5 & -4 \\ -1 & -4 & 5 \end{bmatrix}$。

解 在 MATLAB 命令窗口输入：

```
A=[1, 1, -1; 1, 2, -1; -1, -1, 5];
B=[1, 2, 3; 2, 2, -1; 3, -1, 5];
C=[-3, 2, 1; 2, -3, 0; 1, 0, -3];
D=[1, 2, -1; 2, 5, -4; -1, -4, 5];
lamda_A=eig(A)
lamda_B=eig(B)
lamda_C=eig(C)
lamda_D=eig(D)
```

运行结果为：

```
lamda_A =
        0.3542
        2.0000
        5.6458
lamda_B =
       -1.8900
        3.2835
        6.6065
lamda_C =
       -5.2361
       -3.0000
       -0.7639
lamda_D =
       -0.0000
        1.4689
        9.5311
```

从矩阵特征值的正负可以看出，矩阵 **A** 正定，矩阵 **B** 不定，矩阵 **C** 负定，而矩阵 **D** 的第一个特征值显示为" -0.0000 "，继续查看为" $-1.7351e-017$ "，那么它是等于零还是小于零呢？现在，利用例 4.2 中求特征值的方法一，再次求解矩阵 **D** 的特征值。

在 MATLAB 命令窗口输入：

```
syms k
D=[1, 2, −1; 2, 5, −4; −1, −4, 5];
d=det( D−k * eye(3) );              % 计算行列式：|D−kI|
lamda_D =solve(d)                   % 求特征方程|D−kI|＝0 的解
```

显示结果为：

```
lamda_D =
[              0]
[ 11/2＋1/2 * 65^(1/2)]
[ 11/2−1/2 * 65^(1/2)]
```

从以上符号解中可以看出，矩阵 **D** 的确有一个特征值为零，则它是半正定的。而计算机在执行 MATLAB 函数 eig 的运算中，产生了舍入误差。

以下是用求特征值符号形式的方法来判断对称阵正定性的通用程序 la11.m：

```
% 判断对称阵的正定性
clear
A＝input('输入对称阵 A：');
if A'−A~＝0                      % 若矩阵不是对称阵，则退出
    disp('输入错误');
    return;                     % 退出该程序
end
n=length(A);                    % 取矩阵 A 的阶数
syms k                          % 定义 k 为符号变量
d＝det(A−k * eye(n));            % d 为矩阵 A 的特征多项式
lamda＝solve(d);                % lamda 为矩阵 A 的符号形式的特征根
lamda＝eval(lamda);             % 把符号形式变为数值形式
if lamda＞0                     % 判断特征值是否全部大于零
    disp('矩阵 A 为正定矩阵');
elseif lamda＞＝0               % 判断特征值是否全部大于等于零
    disp('矩阵 A 为半正定矩阵');
elseif lamda＜0                 % 判断特征值是否全部小于零
    disp('矩阵 A 为负定矩阵');
elseif lamda＜＝0               % 判断特征值是否全部小于等于零
```

```
        disp('矩阵 A 为半负定矩阵');
    else
        disp('矩阵 A 为不定矩阵');
    end
```

在 MATLAB 命令窗口中输入：

la11

人机对话结果为：

输入对称阵 A：$[1, 2, -1; 2, 5, -4; -1, -4, 5]$

矩阵 A 为半正定矩阵

例 4.6 已知对称矩阵

$$A = \begin{bmatrix} 2 & 2 & 3 \\ 2 & 3 & 2 \\ 3 & 2 & 9 \end{bmatrix}$$

请按下列要求对矩阵 A 进行分解：

(1) 特征值分解：找出正交矩阵 V，使得

$$A = VDV^{\mathrm{T}}$$

其中 D 为矩阵 A 的特征值构成的对角阵；

(2) SVD 分解：找出正交矩阵 U、V，使得

$$A = USV^{\mathrm{T}}$$

其中 S 为矩阵 A 的奇异值构成的对角阵；

(3) LU 分解：找出一个准下三角矩阵 L 和一个上三角矩阵 U，使得

$$A = LU$$

(4) QR 分解：找出一个正交矩阵 Q 和一个上三角矩阵 R，使得

$$A = QR$$

(5) Cholesky 分解：找出一个上三角矩阵 L，使得

$$A = L^{\mathrm{T}}L$$

解 在 MATLAB 命令窗口输入：

A=[2, 2, 3; 2, 3, 2; 3, 2, 9];

(1) 特征值分解。输入：

[V, D]=eig(A)

% 或 [V, D]=schur(A)

结果为：

V =

$$
\begin{matrix}
0.8551 & 0.3695 & 0.3637 \\
-0.4856 & 0.8165 & 0.3121 \\
-0.1817 & -0.4435 & 0.8777
\end{matrix}
$$

D =
$$
\begin{matrix}
0.2267 & 0 & 0 \\
0 & 2.8187 & 0 \\
0 & 0 & 10.9546
\end{matrix}
$$

（2）SVD 分解。输入：

[U，S，V]=svd(A)

结果为：

U =
$$
\begin{matrix}
-0.3637 & -0.3695 & -0.8551 \\
-0.3121 & -0.8165 & 0.4856 \\
-0.8777 & 0.4435 & 0.1817
\end{matrix}
$$

S =
$$
\begin{matrix}
10.9546 & 0 & 0 \\
0 & 2.8187 & 0 \\
0 & 0 & 0.2267
\end{matrix}
$$

V =
$$
\begin{matrix}
-0.3637 & -0.3695 & -0.8551 \\
-0.3121 & -0.8165 & 0.4856 \\
-0.8777 & 0.4435 & 0.1817
\end{matrix}
$$

（3）LU 分解。输入：

[L，U]=lu(A)

结果为：

L =
$$
\begin{matrix}
0.6667 & 0.4000 & 1.0000 \\
0.6667 & 1.0000 & 0 \\
1.0000 & 0 & 0
\end{matrix}
$$

U =
$$
\begin{matrix}
3.0000 & 2.0000 & 9.0000 \\
0 & 1.6667 & -4.0000 \\
0 & 0 & -1.4000
\end{matrix}
$$

把矩阵 **L** 的第一行与第三行交换，就变为了一个下三角矩阵。

（4）QR 分解。输入：

[Q，R]=qr(A)

结果为：

Q =

−0.4851	−0.0844	−0.8704
−0.4851	−0.8022	0.3482
−0.7276	0.5911	0.3482

R =

−4.1231	−3.8806	−8.9738
0	−1.3933	3.4620
0	0	1.2185

（5）Cholesky 分解。输入：

L＝chol(A)

结果为：

L =

1.4142	1.4142	2.1213
0	1.0000	−1.0000
0	0	1.8708

4.4 实验习题

1. 已知矩阵

$$A = \begin{bmatrix} -1 & 10 & -2 \\ -1 & 2 & 1 \\ -2 & 10 & -1 \end{bmatrix}$$

求下列矩阵的特征值和特征向量：

（1）A；

（2）$5A^3 - 2A^2 + 3I$；

（3）$2I - 3A^{-1}$。

2. 把下面向量组正交化。

（1）$\alpha_1 = \begin{bmatrix} 1 \\ 0 \\ -1 \\ 1 \end{bmatrix}$；　（2）$\alpha_2 = \begin{bmatrix} 1 \\ -1 \\ 0 \\ 1 \end{bmatrix}$；　（3）$\alpha_3 = \begin{bmatrix} -1 \\ 1 \\ 1 \\ 0 \end{bmatrix}$。

3. 判断下列矩阵是否可以对角化，若能对角化，请找可逆矩阵 V，使 $V^{-1}AV = D$。

（1）$A = \begin{bmatrix} -1 & 0 & -3 \\ 1 & 2 & 1 \\ 2 & 0 & 4 \end{bmatrix}$；　　（2）$A = \begin{bmatrix} 11 & 0 & 0 \\ -1 & -1 & -16 \\ -9 & 9 & 23 \end{bmatrix}$。

4. 用正交变换法将下列二次型化为标准形。

(1) $f(x_1, x_2, x_3) = 4x_1^2 + x_2^2 + 4x_3^2 - 4x_1x_2 - 8x_1x_3 + 4x_2x_3$

(2) $f(x_1, x_2, x_3, x_4) = x_1^2 + x_2^2 + x_3^2 + x_4^2 + 2x_1x_2 + 2x_1x_3 - 2x_1x_4 - 2x_2x_3$
$$+ 2x_2x_4 + 2x_3x_4$$

5. 判断下列矩阵的正定性。

(1) $\boldsymbol{A} = \begin{bmatrix} -8 & 2 & 3 \\ 2 & -8 & 3 \\ 3 & 3 & -3 \end{bmatrix}$;

(2) $\boldsymbol{A} = \begin{bmatrix} 1 & 2 & -2 \\ 2 & -2 & 1 \\ -2 & 1 & 2 \end{bmatrix}$;

(3) $\boldsymbol{A} = \begin{bmatrix} -2 & -1 & -1 \\ -1 & -4 & 3 \\ -1 & 3 & -4 \end{bmatrix}$。

6. 已知对称矩阵

$$\boldsymbol{A} = \begin{bmatrix} 1 & 1 & 1 \\ 1 & 2 & 3 \\ 1 & 3 & 6 \end{bmatrix}$$

请对矩阵 $\boldsymbol{A}$ 进行特征值分解、SVD 分解、LU 分解、QR 分解及 Cholesky 分解，并验证分解结果的正确性。

实验 5　线性代数的几何概念与 MATLAB 作图

5.1　实验目的

1. 掌握 MATLAB 软件制作二维和三维图形的基本方法；
2. 利用 MATLAB 软件的绘图功能，理解方程组解的几何意义；
3. 利用 MATLAB 软件的绘图功能，理解向量组线性相关的几何意义；
4. 利用 MATLAB 软件的绘图功能，理解二维向量线性变换的意义；
5. 利用 MATLAB 软件的绘图功能，理解二阶方阵特征值的几何意义；
6. 利用 MATLAB 软件的绘图功能，理解二次型正定性的几何意义。

5.2　实验指导

本实验介绍了 MATLAB 的基本作图命令，通过二维和三维图形进一步来理解线性代数中若干概念的几何意义，其中包括：线性方程组的解、向量的线性表示、线性变换、特征值和特征向量及二次型的正定性等。表 5.1 给出了与本实验相关的 MATLAB 命令。

表 5.1　与本实验相关的 MATLAB 命令

命　　令	功　能　说　明	位置
close all	关闭所有图形	例 5.1
subplot(2, 2, 1)	准备画 2×2 个图形中的第一个图形	例 5.1
ezplot('x1+2*x2=5')	绘制符号变量构成的直线方程 x1+2*x2=5	例 5.1
hold on	准备在同一图中画多条直线，保留当前图形	例 5.1
title('')	把单引号中字符串内容作为标题在图上方显示	例 5.1
grid on	在图中显示网格	例 5.1
x=A\b	求超定方程组 $Ax=b$ 的最小二乘解	例 5.1
x=pinv(A)*b	求超定方程组 $Ax=b$ 的最小二乘解，pinv(A)为对矩阵 A 进行伪逆(广义逆)运算	例 5.1
plot(x, y, '*')	在(x, y)位置画"*"，若 x, y 是向量，则画出一根曲线图	例 5.1

命　令	功　能　说　明	位置
ezmesh($'$x1＋5＊x2＋1$'$)	绘制符号变量构成的平面方程：x3＝x1＋5＊x2＋1 （即 x1＋5＊x2－x3＝－1）	例 5.2
function drawvec(u)	定义函数 drawvec，其参数为向量 u，与 C 语言函数概念类似	例 5.3
acos( )	反余弦函数	例 5.3
norm(u)	计算矢量的范数，即矢量 u 的长度	例 5.3
pi	MATLAB 定义的常数：圆周率 π	例 5.3
fill(x, y)	填充二维多边形，多边形的顶点坐标分别放在向量 x 和 y 中	例 5.3
axis([x1, x2, y1, y2])	定义坐标轴的刻度范围：x 轴从 x1 到 x2；y 轴从 y1 到 y2	例 5.3
sin( )，cos( )	正弦函数，余弦函数	例 5.4
axis equal	定义 x 轴和 y 轴的刻度相等	例 5.4
eigshow(A1)	特征值和特征向量的动画程序	例 5.5

5.3　实验内容

例 5.1　求解下列非齐次线性方程组，并画出二维图形来表示解的情况。

(1) $\begin{cases} x_1+2x_2=5 \\ 2x_1-3x_2=-4 \end{cases}$;　　　　(2) $\begin{cases} x_1+3x_2=2 \\ 3x_1+9x_2=6 \end{cases}$;

(3) $\begin{cases} x_1-3x_2=5 \\ 2x_1-6x_2=-6 \end{cases}$;　　　　(4) $\begin{cases} x_1-2x_2=3 \\ 2x_1+x_2=2 \\ x_1+3x_2=5 \end{cases}$。

解　在 MATLAB 的 M 文件编辑器中，编写 la12.m 文件：

```
% 绘制二元非齐次线性方程组解的图形
clear
close all
syms x1 x2                      % 定义 x1、x2 为符号变量
U1＝rref([1,2,5;2,-3,-4])       % 把方程组(1)的增广矩阵通过初等行变换变为
                                % 最简行阶梯矩阵，从而得到方程组的解
subplot(2,2,1)                  % 准备画 2×2 个图形中的第一个
ezplot('x1+2 * x2=5')           % 绘制直线 x1＋2＊x2＝5
hold on                         % 保留原来图形
ezplot('2 * x1-3 * x2=-4')      % 再绘制直线 2＊x1－3＊x2＝－4
```

```matlab
title('方程组 1')                          % 在图上标注:方程组 1
grid on                                   % 显示网格
U2＝rref([1,3,2;3,9,6])
subplot(2,2,2)
ezplot('x1＋3 * x2＝2')
hold on
ezplot('3 * x1＋9 * x2＝6')
title('方程组 2')
grid on
U3＝rref([1,-3,5;2,-6,-6])
subplot(2,2,3)
ezplot('x1-3 * x2＝5')
hold on
ezplot('2 * x1-6 * x2＝-6')
title('方程组 3')
grid on
U4＝rref([1,-2,3;2,1,2;1,3,5])
subplot(2,2,4)
ezplot('x1-2 * x2＝3')
hold on
ezplot('2 * x1＋x2＝2')
ezplot('x1＋3 * x2＝5')
title('方程组 4')
grid on
hold off
```

在 MATLAB 命令窗口中输入:

```matlab
la12
```

运行结果为:

```
U1 =

    1    0    1
    0    1    2
U2 =

    1    3    2
    0    0    0
U3 =
```

$$\begin{matrix} 1 & -3 & 0 \\ 0 & 0 & 1 \end{matrix}$$

$$U4 =$$

$$\begin{matrix} 1 & 0 & 0 \\ 0 & 1 & 0 \\ 0 & 0 & 1 \end{matrix}$$

绘制图形如图 5.1 所示。

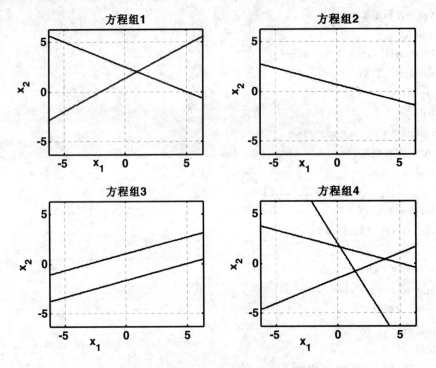

图 5.1　二元非齐次线性方程组解的几何意义

从运行结果可以看出，方程组 1 的解为 $\begin{cases} x_1 = 1 \\ x_2 = 2 \end{cases}$；方程组 2 的通解为：$k\begin{pmatrix} -3 \\ 1 \end{pmatrix} + \begin{pmatrix} 2 \\ 0 \end{pmatrix}$；方程组 3 和方程组 4 的最简行阶梯矩阵的最后一行为矛盾方程，则这两个方程组无解。

从图 5.1 中可以形象地看出，方程组 1 的两条直线有一个交点，故有唯一解；方程组 2 的两条直线重合，则有无穷组解；方程组 3 的两条直线相平行，永远没有交点，即无解；方程组 4 的三条直线不共点，则也无解。

MATLAB 软件采用最小二乘法原理，针对方程组 4 这类超定方程组，给出了一种求近似解的方法。以下给出了求解方程组 4 的程序 la13.m：

% 求超定方程组的最小二乘解，并用图形描述解的情况

```
clear
close all
A=[1，-2；2，1；1，3]；               % 给方程组系数矩阵 A 赋值
b=[3；2；5]；                        % 给常数列向量 b 赋值
x=A\b                              % 求出矛盾方程组的最小二乘解
% 或：x=pinv(A)*b                   % 求出矛盾方程组的最小二乘解
syms x1 x2                         % 定义 x1、x2 为符号变量
ezplot('x1-2*x2=3')               % 绘制直线 x1-2*x2=3
hold on                           % 保留原来图形
ezplot('2*x1+x2=2')
ezplot('x1+3*x2=5')
title('x1-2*x2=3 2*x1+x2=2 x1+3*x2=5')      % 在该图上标注三个方程
plot(x(1,1),x(2,1),'*')；          % 用"*"标出方程组的近似解 x
grid on                           % 显示网格
hold off
```

在 MATLAB 命令窗口中输入：

la13

运算结果为：

```
x =

    1.8000

    0.4000
```

绘制图形如图 5.2 所示。

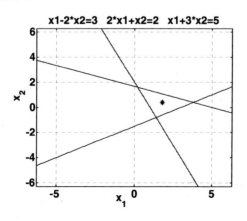

图 5.2　二元超定方程组的近似解

针对不同种类的非齐次线性方程组 $Ax=b$，MATLAB 命令"x＝A\b"有着不同的结果：

(1) 当方程组为适定方程组时，x 为方程组的唯一解；

(2) 当方程组为欠定方程组时，x 为方程组的一个特解；

(3) 当方程组为超定方程组时，x 为按照最小二乘法原理得到的一组近似解。

例 5.2 求解下列线性方程组，并画出三维图形来表示解的情况。

(1) $\begin{cases} x_1+5x_2-x_3=-1 \\ 3x_1-3x_2-x_3=2 \\ -2x_1-0.5x_2-x_3=-3 \end{cases}$; (2) $\begin{cases} 8x_1+x_2-x_3=0 \\ 2x_1+x_2-x_3=0 \\ -3x_1+x_2-x_3=0 \end{cases}$

(3) $\begin{cases} 5x_1-7x_2-x_3=5 \\ x_1+4x_2-x_3=-12 \\ x_1+4x_2-x_3=25 \end{cases}$; (4) $\begin{cases} 5x_2-x_3=8 \\ -7x_2-x_3=10 \\ x_3=15 \end{cases}$ 。

解 在 MATLAB 的 M 文件编辑器中，编写 la14.m 文件：

```
clear
close all
A1=[1, 5, -1; 3, -3, -1; -2, -0.5, -1];
b1=[-1; 2; -3];
U1=rref([A1, b1])
subplot(2, 2, 1);
ezmesh('x1+5*x2+1')            % 绘制平面：x3=x1+5*x2+1(即 x1+5*x2-x3=-1)
hold on
ezmesh('3*x1-3*x2-2')
ezmesh('-2*x1-x2/2+3')
title('方程组 1');            % 显示该图标题

A2=[8, 1, -1; 2, 1, -1; -3, 1, -1];
b2=[0; 0; 0];
U2=rref([A2, b2])
subplot(2, 2, 2);
ezmesh('8*x1+x2');
hold on
ezmesh('2*x1+x2');
ezmesh('-3*x1+x2');
title('方程组 2');

A3=[5, -7, -1; 1, 4, -1; 1, 4, -1];
```

```
b3＝[5；－12；25];
U3＝rref([A3，b3])
subplot(2，2，3);
ezmesh('5 * x1－7 * x2－5');
hold on
ezmesh('x1＋4 * x2＋12');
ezmesh('x1＋4 * x2－25');
title('方程组 3');

A4＝[0，5，－1；0，－7，－1；0，0，1];
b4＝[8；10；15];
U4＝rref([A4，b4])
subplot(2，2，4);
ezmesh('0 * x1＋5 * x2－8');
hold on
ezmesh('0 * x1－7 * x2－10');
ezmesh('12');
title('方程组 4');
hold off;
```

在 MATLAB 命令窗口中输入：

```
la14
```

运行结果为：

```
U1 =
    1.0000         0         0    0.9286
         0    1.0000         0   －0.1429
         0         0    1.0000    1.2143
U2 =
    1    0    0    0
    0    1   －1    0
    0    0    0    0
U3 =
    1.0000         0   －0.4074         0
         0    1.0000   －0.1481         0
         0         0         0    1.0000
U4 =
```

$$\begin{matrix} 0 & 1 & 0 & 0 \\ 0 & 0 & 1 & 0 \\ 0 & 0 & 0 & 1 \end{matrix}$$

绘制图形如图 5.3 所示。

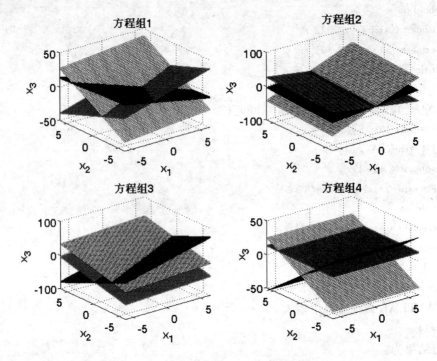

图 5.3　三元非齐次线性方程组解的几何意义

从图 5.3 中可以看出，方程组 1 的解为三个平面的交点，U1 的最后一列给出了该方程组的唯一解；方程组 2 的三个平面刚好相交于同一条直线，这个齐次线性方程组的解空间是一维的，从 U2 中可以得到该方程组的通解为：$k\begin{bmatrix} 0 \\ 1 \\ 1 \end{bmatrix}$；分析矩阵 U3 和 U4，可以得出两个方程组都是矛盾方程，即无解，从图 5.3 中也可以看出方程组 3 和方程组 4 中的三个平面没有共同的交点。

例 5.3　已知向量组：

$$u = \begin{bmatrix} 1 \\ 2 \end{bmatrix}, \quad v = \begin{bmatrix} 2 \\ -1 \end{bmatrix}, \quad w = \begin{bmatrix} 8 \\ 1 \end{bmatrix}$$

请用向量 u 和 v 来线性表示向量 w，并绘制向量图。

解 把向量 u 和 v 代入向量等式 $x_1 u + x_2 v = w$ 中，则有齐次线性方程组：

$$\begin{bmatrix} 1 & 2 \\ 2 & -1 \end{bmatrix} \begin{bmatrix} x_1 \\ x_2 \end{bmatrix} = \begin{bmatrix} 8 \\ 1 \end{bmatrix}$$

在 MATLAB 命令窗口中输入：

```
u＝[1；2]；v＝[2；－1]；w＝[8；1]；
rref([u, v, w])
```

运行结果为：

```
ans ＝
        1    0    2
        0    1    3
```

最后一列给出了方程组的解：

$$2u + 3v = w$$

程序 drawvec. m 是一个绘制二维向量的函数，具体程序如下：

```
% 函数 drawvec(u)：绘制二维向量 u
function drawvec(u)
plot([0；u(1)], [0；u(2)]);              % 画向量线段
hold on
theta＝acos(u(1)/norm(u));              % 计算向量 u 与 x 轴夹角，0＜theta＜pi
if(u(2)＜0)
      theta＝2 * pi－theta;             % 当 u 向量在第三和第四象限时，theta＞pi
end
fill([u(1)－0.5 * cos(theta＋pi/12), u(1), u(1)－0.5 * cos(theta－pi/12)], [u(2)－0.5 * sin
(theta＋pi/12), u(2), u(2)－0.5 * sin(theta－pi/12)], ′black′); % 给向量箭头填充
hold off
```

程序 la15. m 绘制了向量 u 和向量 v 线性表示向量 w 的几何图形，其中调用了函数 drawvec( )。具体程序如下：

```
% 绘制向量的线性表示
clear
close all
u＝[1；2]；v＝[2；－1]；w＝[8；1]；
u1＝u * 2；v1＝v * 3；
drawvec(u); hold on;              % 调用函数 drawvec( )，画向量 u
drawvec(v); hold on;
drawvec(u1); hold on;
drawvec(v1); hold on;
```

drawvec(w); hold off

    axis([−2 10 −5 6]), grid on; % 定义坐标轴范围：−2<x<10　　−5<y<6

在 MATLAB 命令窗口中输入：

    la15

绘制图形如图 5.4 所示。

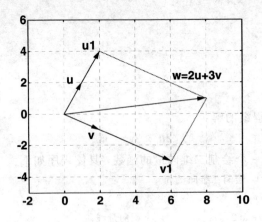

图 5.4　向量的线性表示

从图中可以看出，向量 w 即为向量 u1 和向量 v1 的矢量和，满足平行四边形法则。

例 5.4　已知向量

$$x=\begin{bmatrix}2\\1\end{bmatrix}$$

矩阵：

$$A_1=\begin{bmatrix}-1 & 0\\0 & 1\end{bmatrix}\qquad A_2=\begin{bmatrix}1 & 0\\0 & -1\end{bmatrix}$$

$$A_3=\begin{bmatrix}0.5 & 0\\0 & 2\end{bmatrix}\qquad A_4=\begin{bmatrix}\cos\alpha & \sin\alpha\\-\sin\alpha & \cos\alpha\end{bmatrix},\ \left(\alpha=\frac{\pi}{3}\right)$$

请分析经过线性变换 $y_i=A_i x$ 后，向量 y_i 与原向量 x 的几何关系($i=1,2,3,4$)，并绘制向量图。

解　在 MATLAB 的 M 文件编辑器中，编写 la16. m 文件。

    % 线性变换的几何意义

    x=[2；1]；A1=[−1，0；0，1]；A2=[1，0；0，−1]；A3=[0.5，0；0，2]；A4=[cos(pi/3)，

    sin(pi/3)；−sin(pi/3)，cos(pi/3)]；

    y1=A1 * x；y2=A2 * x；y3=A3 * x；y4=A4 * x；

    subplot(2，2，1)；

drawvec(x)；hold on；drawvec(y1)；axis equal；axis([-3, 3，-1.5, 2])；grid on；
　　　　　　　　　　% axis equal 要求横坐标与纵坐标的刻度相等
subplot(2, 2, 2)；
drawvec(x)；hold on；drawvec(y2)；axis equal；axis([-3, 3，-1.5, 2])；grid on；
subplot(2, 2, 3)；
drawvec(x)；hold on；drawvec(y3)；axis equal；axis([-3, 3，-1.5, 2])；grid on；
subplot(2, 2, 4)；
drawvec(x)；hold on；drawvec(y4)；axis equal；axis([-3, 3，-1.5, 2])；grid on；

在 MATLAB 命令窗口中输入：

la16

绘制图形如图 5.5 所示。

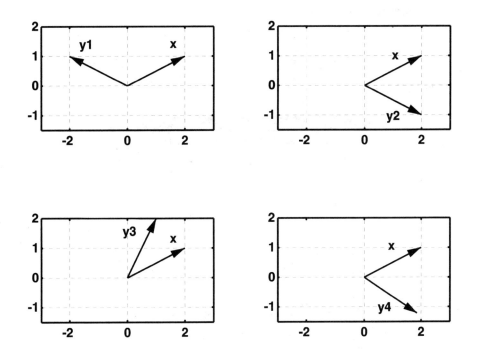

图 5.5　线性变换的几何意义

　　从图 5.5 中可以看出，矩阵 A_1 对 x 进行线性变换的结果 y_1 与原向量 x 关于 y 轴对称；矩阵 A_2 对 x 进行线性变换的结果 y_2 与原向量 x 关于 x 轴对称；矩阵 A_3 对 x 进行线性变换的结果 y_3 为把向量 x 的横坐标乘以 0.5，把 x 的纵坐标乘以 2 得到的向量；矩阵 A_4 对 x 进行线性变换的结果 y_4 为把向量 x 按顺时针方向旋转 $\pi/3$ 所得到的向量。

例 5.5 已知矩阵：

$$A_1 = \begin{bmatrix} -1 & 3 \\ 2 & 5 \end{bmatrix}, \quad A_2 = \begin{bmatrix} 1 & -2 \\ -1 & 5 \end{bmatrix}, \quad A_3 = \begin{bmatrix} 1 & 2 \\ 2 & 4 \end{bmatrix}, \quad A_4 = \begin{bmatrix} 2 & -1 \\ 3 & 2 \end{bmatrix}$$

求它们的特征值和特征向量，并绘制特征向量图，分析其几何意义。

解 针对矩阵 A_1，在 MATLAB 命令窗口中输入：

A1＝[−1，3；2，5]；

[V1，D1]＝eig(A1)

eigshow(A1)   ％ 显示矩阵 A1 的特征值和特征向量

运行结果为：

V1 =

    −0.9602   −0.4000

    0.2794   −0.9165

D1 =

    −1.8730   0

        0   5.8730

绘制图形如图 5.6 所示。

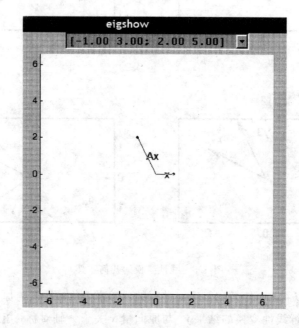

图 5.6   运行 eigshow 函数的初始图

当用鼠标拖动向量 x 顺时针旋转时，Ax 也开始旋转。向量 x 的轨迹为一个圆，而向量

Ax 的轨迹一般情况为一个椭圆。同理，可以对其他三个矩阵进行同样的操作，绘制图形如图 5.7 所示。

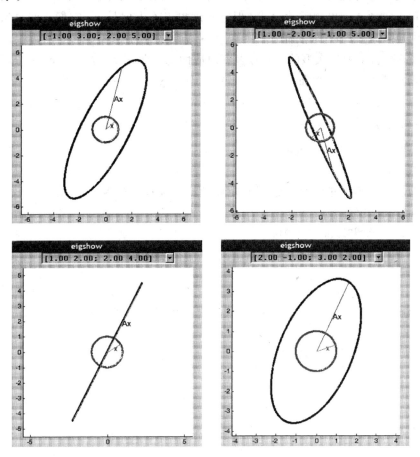

图 5.7　矩阵特征值的演示图形

函数 eigshow(A)描述了向量 **Ax** 随向量 **x** 的变换关系，向量 **x** 为所有的二维单位向量，**Ax** 为用矩阵 **A** 对向量 **x** 进行线性变换的结果。当向量 **x** 在旋转的过程中，如果向量 **Ax** 与向量 **x** 共线（包括同向和反向），则此时有等式 **Ax**＝λ**x** 成立。式中，λ 为一实数乘子，λ 为正表示两个向量同向，λ 为负表示两个向量反向。人们把向量 **x** 与向量 **Ax** 共线的位置称为特征位置，其中实数 λ 就称为矩阵 **A** 的特征值，而此时的 **x** 即为矩阵 **A** 的属于 λ 的特征向量。

针对矩阵 **A₁**，当向量 **x** 顺时针旋转时，向量 **A₁x** 逆时针旋转，则矩阵 **A₁** 必然存在实特征值；针对矩阵 **A₂**，当向量 **x** 匀角速度顺时针旋转时，向量 **A₂x** 也顺时针旋转，其角速度时大时小，存在四个特征位置；针对矩阵 A_3，当向量 x 匀角速度顺时针旋转时，向量 A_3x 沿一条过圆心的直线运动，此时矩阵 A_3 有一个特征值为零；针对矩阵 A_4，当向量 x 顺时针旋转时，向量 A_4x 也顺时针旋转，但它永远也追不上向量 x，它们之间总保持着一定的角度，则矩阵 A_4 没有实特征值。

例 5.6 分析下列二次型的正定性及其对应的二次曲面 $f = f(x_1, x_2)$；分析下列二次型标准化前后所对应的二次曲线 $f(x_1, x_2) = c$ 及 $f(y_1, y_2) = c$。

(1) $f(x_1, x_2) = 6x_1^2 - 2x_1x_2 + 5x_2^2$；

(2) $f(x_1, x_2) = 3x_1^2 + 4x_1x_2 - 2x_2^2$；

(3) $f(x_1, x_2) = -2x_1^2 + x_1x_2 - 3x_2^2$；

(4) $f(x_1, x_2) = 3x_1^2$。

解 分析二次型的正定性并绘制其对应的二次曲面。在 MATLAB 的 M 文件编辑器中，编写 la17. m 文件：

```
% 绘制二次型对应的二次曲面
clear
close all
A1=[6, -1; -1, 5]; A2=[3, 2; 2, -2]; A3=[-2, 0.5; 0.5, -3]; A4=[3, 0; 0, 0];
lamda1=eig(A1), lamda2=eig(A2), lamda3=eig(A3), lamda4=eig(A4)
subplot(2, 2, 1);
ezmesh('6 * x1 ^ 2 - 2 * x1 * x2 + 5 * x2 ^ 2');
                          % 绘制二次曲面：f=6 * x1 ^ 2 - 2 * x1 * x2 + 5 * x2 ^ 2
subplot(2, 2, 2);
ezmesh('3 * x1 ^ 2 + 4 * x1 * x2 - 2 * x2 ^ 2');
subplot(2, 2, 3);
ezmesh('-2 * x1 ^ 2 + x1 * x2 - 3 * x2 ^ 2');
subplot(2, 2, 4);
ezmesh('3 * x1 ^ 2');
```

在 MATLAB 命令窗口中输入：

```
la17
```

运行结果为：

```
lamda1 =
    4.3820
    6.6180
lamda2 =
   -2.7016
```

                3.7016

lamda3 =

                −3.2071

                −1.7929

lamda4 =

                0

                3

绘制图形如图 5.8 所示。

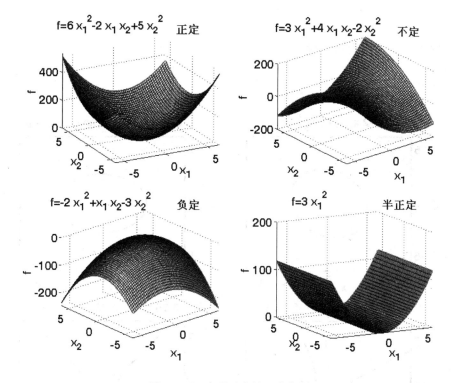

图 5.8　二次型对应的二次曲面

为绘制二次型标准化前后所对应的二次曲线，在 MATLAB 的 M 文件编辑器中，编写 la18.m 文件：

```
% 绘制二次型标准化前后所对应的二次曲线
close all
subplot(2，2，1);
ezplot('6 * x1^2−2 * x1 * x2+5 * x2^2−50');
```

　　　　　　　　% 绘制二次曲线：6 * x1^2−2 * x1 * x2+5 * x2^2−50＝0

```
grid on;
subplot(2, 2, 2);
ezplot('4.3820 * y1^2+6.6180 * y2^2-50');    % 绘制对应标准型的二次曲线
grid on;
subplot(2, 2, 3);
ezplot('3 * x1^2+4 * x1 * x2-2 * x2^2-5');
grid on;
subplot(2, 2, 4);
ezplot('3.7016 * y1^2-2.7016 * y2^2-5');
grid on;
```

在 MATLAB 命令窗口中输入：

la18

绘制图形如图 5.9 所示。

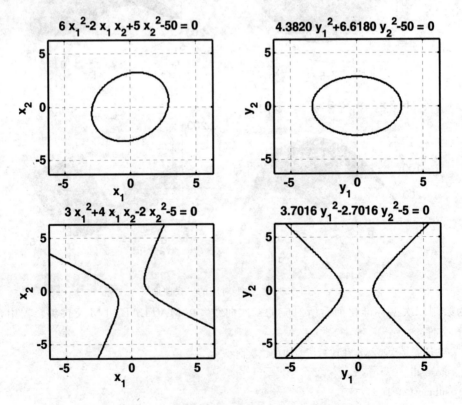

图 5.9　二次型标准化前后所对应的二次曲线

从图 5.9 中可以看出，用正交变换把二次型标准化，即是寻找一个新的直角坐标系 y_1，y_2，使得二次曲线在新坐标系中关于 y_1 轴和 y_2 轴对称。

5.4 实验习题

1. 利用最小二乘法求下列超定方程组的近似解，并绘制图形表示解的情况。

$$\begin{cases} x_1 + x_2 = 1 \\ x_1 - x_2 = 1 \\ 5x_1 + x_2 = 4 \\ x_1 - 2x_2 = 2 \end{cases}$$

2. 已知矩阵

$$A = \begin{bmatrix} 1 & 2 & 3 \\ 2 & 3 & 6 \\ 3 & 9 & 1 \end{bmatrix}$$

请完成以下操作：

(1) 用函数 eig 求 A 的特征值；

(2) 用函数 poly 求 A 的特征多项式函数 p；

(3) 用 ezplot 函数绘制多项式函数 p，观察特征多项式的零点（即特征值），从而定性地验证 eig 的计算结果。

3. 已知向量组：

$$u = \begin{bmatrix} 3 \\ 2 \end{bmatrix}, \quad v = \begin{bmatrix} -1 \\ 2 \end{bmatrix}, \quad w = \begin{bmatrix} -9 \\ 2 \end{bmatrix}$$

请用向量 u 和 v 来线性表示向量 w，并绘制向量图。（可以调用例 5.3 中的函数 drawvec( )。）

4. 下列数据表示 12 个点的坐标，要求：

x	0	4	6	10	8	5	3.5	6.1	6.5	3.2	2	0
y	0	14	14	0	0	11	6	6	4.5	4.5	0	0

(1) 把第一行的 12 个数放入行向量 x 中，把第二行的 12 个数放入行向量 y 中，请用函数 plot(x, y) 绘制这 12 个点连成的折线。（要求：axis equal）

(2) 把数据表理解为一个 2×12 的矩阵：

$$X = \begin{bmatrix} x \\ y \end{bmatrix}$$

请计算 $Y_i = A_i X$。其中 A_i 为：

$$A_1 = \begin{bmatrix} 1 & 0.25 \\ 0 & 1 \end{bmatrix}$$

$$A_2 = \begin{bmatrix} 1 & -0.5 \\ 0 & 1 \end{bmatrix}$$

$$A_3 = \begin{bmatrix} 2 & 0 \\ 0 & 1 \end{bmatrix}$$

$$A_4 = \begin{bmatrix} \cos\alpha & -\sin\alpha \\ \sin\alpha & \cos\alpha \end{bmatrix} \quad \left(\alpha = \frac{\pi}{6} \right)$$

（3）请用函数 plot( )分别绘制矩阵 $Y_i(i=1，2，3，4)$ 的 12 个点连成的折线。（要求：axis equal）

（4）用填充函数 fill(x，y，'black')替代 plot 函数，重新绘制图形。

5．构造一个随机二阶方阵，用函数 eigshow 分析其特征值和特征向量。

6．构造一个随机二阶对称矩阵，判断其正定性，绘制其对应的二次曲面；绘制其对应的二次曲线及标准化后的二次曲线。

应用篇

本篇包含 10 个线性代数的应用实验，分别介绍线性代数在物理、工程技术、经济管理等领域中的应用，并给出了利用 MATLAB 软件来求解这些具体问题的方法。

实验6 平板稳态温度的计算

6.1 实验指导

本实验在简单的平板热传导模型下，利用线性方程组计算平板稳态温度的分布。当选取节点较多时，MATLAB 软件的应用就显得更重要。最后利用 MATLAB 的绘图命令绘制平板的温度分布，形象地表示出计算结果。表 6.1 给出了与本实验相关的 MATLAB 命令。

表 6.1 与本实验相关的 MATLAB 命令

命　令	功　能　说　明	位置
mod(i, N)	计算 i 除以 N 的余	例 6.2
if mod(i, N)==0	判断 i 是否为 N 的整数倍	例 6.2
mesh(T)	T 为一个矩阵，以 T 的行标为 x 轴值，以 T 的列标为 y 轴值，以 T 的元素值为 z 轴值，绘制三维图形	例 6.2

6.2 实验内容

例 6.1　在钢板热传导的研究中，常常用节点温度来描述钢板温度的分布。假设图 6.1 中钢板已经达到稳态温度分布，上、下、左、右四个边界的温度值如图 6.1 所示，而 T_1、T_2、T_3、T_4 表示钢板内部 4 个节点的温度。若忽略垂直于该截面方向的热交换，那么内部某节点的温度值可以近似地等于与它相邻 4 个节点温度的算术平均值，如

$$T_1 = \frac{10+20+T_2+T_3}{4}$$

请计算该钢板的温度分布。

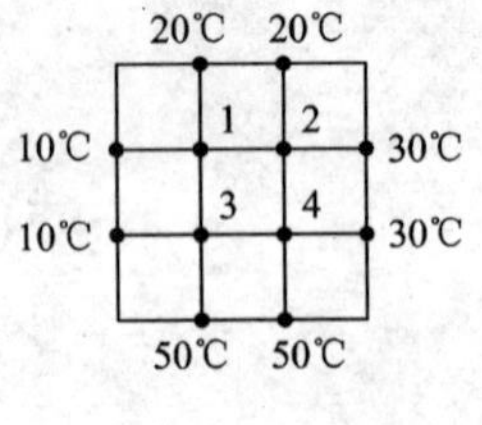

图 6.1　钢板的节点分布（4 个节点）

解　根据已知条件可以得到以下线性方程组：

$$T_1 = \frac{10 + 20 + T_2 + T_3}{4} \qquad T_2 = \frac{20 + 30 + T_1 + T_4}{4}$$

$$T_3 = \frac{10 + 50 + T_1 + T_4}{4} \qquad T_4 = \frac{30 + 50 + T_2 + T_3}{4}$$

化简为标准的矩阵形式如下:

$$\begin{bmatrix} 4 & -1 & -1 & 0 \\ -1 & 4 & 0 & -1 \\ -1 & 0 & 4 & -1 \\ 0 & -1 & -1 & 4 \end{bmatrix} \begin{bmatrix} T_1 \\ T_2 \\ T_3 \\ T_4 \end{bmatrix} = \begin{bmatrix} 30 \\ 50 \\ 60 \\ 80 \end{bmatrix}$$

在 MATLAB 命令窗口输入:

```
A=[4, −1, −1, 0; −1, 4, 0, −1; −1, 0, 4, −1; 0, −1, −1, 4];
b=[30; 50; 60; 80];
U=rref([A, b])
```

结果为:

```
U =
    1.0000         0         0         0   21.2500
         0    1.0000         0         0   26.2500
         0         0    1.0000         0   28.7500
         0         0         0    1.0000   33.7500
```

得到方程组的解为

$$T_1 = 21.25℃, \ T_2 = 26.25℃, \ T_3 = 28.75℃, \ T_4 = 33.75℃$$

例 6.2 在例 6.1 中,把钢板内部分成了 2×2 个节点,本例把钢板内部分为 5×5 个节点,如图 6.2 所示。求钢板的稳态温度分布,并绘制温度分布图形。

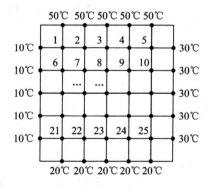

图 6.2 钢板的节点分布(25 个节点)

解 根据例 6.1 中的讨论知，5×5 个节点就构成了一个具有 25 个方程的线性方程组。在 MATLAB 的 M 文件编辑器中编写 la19.m 文件：

```
% 计算钢板的稳态温度分布
clear
close all
N=input('N=');                      % 输入节点数，共有 N×N 个节点
t_u=input('temperature up：');      % 输入四个边界的温度值
t_d=input('temperature down：');
t_l=input('temperature left：');
t_r=input('temperature right：');
A=zeros(N*N); b=zeros(N*N,1);% 构造 N^2×N^2 零矩阵 A；构造 N^2 维零向量 b
for i=1:N*N
    A(i,i)=4;                       % 矩阵 A 的主对角线元素都是 4
end
for i=1:N*N;                        % 给矩阵 A 和向量 b 赋值
    if i<=N                         % 给向量 b 中与上边界节点对应的分量赋值
        b(i)=t_u;
    end
    if mod(i,N)==0                  % 给向量 b 中与右边界节点对应的分量赋值
        b(i)=b(i)+t_r;
    end
    if mod(i,N)==1                  % 给向量 b 中与左边界节点对应的分量赋值
        b(i)=b(i)+t_l;
    end
    if i>N*(N-1)                    % 给向量 b 中与下边界节点对应的分量赋值
        b(i)=b(i)+t_d;
    end
    if i>N                          % 给矩阵 A 中与上边界无关的节点所对应的元素赋值
        A(i,i-N)=-1;
    end
    if mod(i,N)~=1                  % 给矩阵 A 中与左边界无关的节点所对应的元素赋值
        A(i,i-1)=-1;
    end
    if mod(i,N)~=0                  % 给矩阵 A 中与右边界无关的节点所对应的元素赋值
        A(i,i+1)=-1;
    end
end
```

```
        if i<=N*(N-1)                    % 给矩阵 A 中与下边界无关的节点所对应的元素赋值
            A(i, i+N)=-1;
        end
    end
    U=rref([A, b]);                      % 对增广矩阵进行行初等变换，化为最简行阶梯矩阵
    for i=1:N                            % 把矩阵 U 的最后一列按矩阵形式赋给 B
        for j=1:N
            B(i, j)=U(N*(i-1)+j, N*N+1);
        end
    end
    T(2:N+1, 2:N+1)=B;                   % 把钢板内部温度和四周温度值放入矩阵 T 中
    T(1, 2:N+1)=t_u;
    T(N+2, 2:N+1)=t_d;
    T(2:N+1, 1)=t_l;
    T(2:N+1, N+2)=t_r;
    T([1, N+2], [1, N+2])=NaN;           % 矩阵四个角没有温度值，故把非数 NaN 放入
    T                                    % 显示计算结果
    mesh(T)                              % 钢板温度值绘制成曲面图形
```

在 MATLAB 的命令窗口中输入：

```
la19
```

人机对话及运算结果为：

```
N=5
temperature up：20
temperature down：50
temperature left：10
temperature right：30
T =
        NaN   20.0000   20.0000   20.0000   20.0000   20.0000      NaN
    10.0000   16.5652   19.8667   21.8400   23.3415   25.3125   30.0000
    10.0000   16.3958   21.0606   24.1538   26.2121   27.9111   30.0000
    10.0000   17.9583   23.8261   27.5000   29.4426   30.1194   30.0000
    10.0000   21.6087   28.7879   32.5769   33.9394   33.1233   30.0000
    10.0000   29.6875   37.1395   40.0833   40.6140   38.4348   30.0000
        NaN   50.0000   50.0000   50.0000   50.0000   50.0000      NaN
```

钢板的温度分布如图 6.3 所示。其中 x、y 坐标分别表示钢板横、纵方向的节点数，高度表示节点的温度值，该三维图形形象地反映了钢板的温度分布。

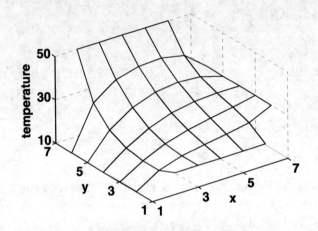

图 6.3　钢板的温度分布

6.3　实验习题

如图 6.4 所示，假设钢板已经达到稳态温度分布。分别用 T_u, T_d, T_l, T_r 来表示钢板的上、下、左、右四个边界的温度值。请编写一个通用 MATLAB 程序，求出钢板内部 6 个节点的温度值，要求四个边界的温度值由用户输入。

（1）T_u＝10，T_d＝40，T_l＝20，T_r＝30，单位为℃；

（2）T_u＝20，T_d＝80，T_l＝40，T_r＝60，单位为℃；

（3）T_u＝30，T_d＝120，T_l＝60，T_r＝90，单位为℃。

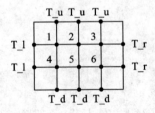

图 6.4　钢板的节点分布（6 个节点）

实验7 交通流量的分析

7.1 实验指导

本实验针对一个简单的城市交通模型，通过求解线性方程的方法求出机动车的流量。当十字路口增多时，计算量将增大，最后利用 MATLAB 软件给出了问题的答案。

7.2 实验内容

例 7.1 某城市有如图 7.1 所示的交通图，每一条道路都是单行道，图中数字表示某一个时段该路段的机动车流量。若针对每一个十字路口（节点），进入和离开的车辆数相等。请计算每两个相邻十字路口间路段上的交通流量 $x_i (i=1, 2, \cdots, 4)$。

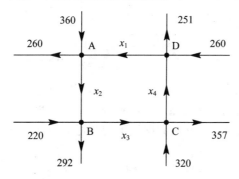

图 7.1 单行道 4 节点交通图

解 根据已知条件可以得到 4 个节点的流通方程为

节点 A：$x_1 + 360 = x_2 + 260$

节点 B：$x_2 + 220 = x_3 + 292$

节点 C：$x_3 + 320 = x_4 + 357$

节点 D：$x_4 + 260 = x_1 + 251$

将以上方程组进行整理得

$$\begin{cases} x_1 - x_2 & = -100 \\ x_2 - x_3 & = 72 \\ x_3 - x_4 = 37 \\ -x_1 \quad\quad + x_4 = -9 \end{cases}$$

在 MATLAB 命令窗口输入：

A=[1, -1, 0, 0; 0, 1, -1, 0; 0, 0, 1, -1; -1, 0, 0, 1];
b=[-100; 72; 37; -9];
U=rref([A, b])

计算结果为：

U =

1	0	0	-1	9
0	1	0	-1	109
0	0	1	-1	37
0	0	0	0	0

由于 U 的最后一行为全零，也就是说，4 个方程中实际上只有 3 个独立方程。方程个数比未知数个数少，所以该方程组为欠定方程，它存在无穷多组解。若以 x_4 为自由变量，方程组的解可以表示为

$$\begin{cases} x_1 = x_4 + 9 \\ x_2 = x_4 + 109 \\ x_3 = x_4 + 37 \end{cases}$$

例 7.2 某城市有如图 7.2 所示的 6 节点交通图，每一条道路都是单行道，图中数字表示某一个时段该路段的机动车流量。若针对每一个十字路口（节点），进入和离开的车辆数相等。请计算每两个相邻十字路口间路段上的交通流量 $x_i(i=1, 2, \cdots, 7)$。

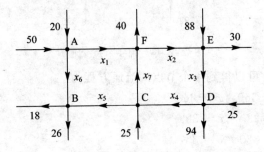

图 7.2　单行道 6 节点交通图

解　本例要求计算出 7 个路段的交通流量，而交通图中只有 6 个节点（十字路口），即

有 6 个约束条件。显然没有唯一的解答。根据图中 A、B、C、D、E 及 F 6 个节点四周的流量，列出方程组的矩阵形式：

$$Ax = b$$

其中

$$
A = \begin{bmatrix}
-1 & 0 & 0 & 0 & 0 & -1 & 0 \\
1 & -1 & 0 & 0 & 0 & 0 & 1 \\
0 & 1 & -1 & 0 & 0 & 0 & 0 \\
0 & 0 & 1 & -1 & 0 & 0 & 0 \\
0 & 0 & 0 & 1 & -1 & 0 & -1 \\
0 & 0 & 0 & 0 & 1 & 1 & 0
\end{bmatrix}, \quad
x = \begin{bmatrix}
x_1 \\ x_2 \\ x_3 \\ x_4 \\ x_5 \\ x_6 \\ x_7
\end{bmatrix}, \quad
b = \begin{bmatrix}
-70 \\ 40 \\ -58 \\ 69 \\ -25 \\ 44
\end{bmatrix}
$$

在 MATLAB 命令窗口中输入：

A=[-1, 0, 0, 0, 0, -1, 0; 1, -1, 0, 0, 0, 0, 1; 0, 1, -1, 0, 0, 0, 0; 0, 0, 1, -1, 0, 0, 0; 0, 0, 0, 1, -1, 0, -1; 0, 0, 0, 0, 1, 1, 0];

b=[-70; 40; -58; 69; -25; 44];

U=rref([A, b])

计算结果为：

U =

1	0	0	0	0	1	0	70
0	1	0	0	0	1	-1	30
0	0	1	0	0	1	-1	88
0	0	0	1	0	1	-1	19
0	0	0	0	1	1	0	44
0	0	0	0	0	0	0	0

由于 U 的最后一行为全零，即 6 个方程中实际上只有 5 个独立方程。而方程组未知数个数为 7，则它存在两个自由变化的量。若设 $x_6 = 15$，$x_7 = 20$，则方程组的解为

$$
\begin{cases}
x_1 = 70 - x_6 \\
x_2 = 30 - x_6 + x_7 \\
x_3 = 88 - x_6 + x_7 \\
x_4 = 19 - x_6 + x_7 \\
x_5 = 44 - x_6 \\
x_6 = x_6 \\
x_7 = x_7
\end{cases}
\Rightarrow
\begin{cases}
x_1 = 55 \\
x_2 = 35 \\
x_3 = 93 \\
x_4 = 24 \\
x_5 = 29 \\
x_6 = 15 \\
x_7 = 20
\end{cases}
$$

7.3 实验习题

某城市有如图 7.3 所示的 9 节点交通图，每一条道路都是单行道，图中数字表示某一个时段该路段的机动车流量。若针对每一个十字路口，进入和离开的车辆数相等。请计算每两个相邻十字路口间路段上的交通流量 $x_i(i=1,2,\cdots,12)$，并找出一组合理的解。

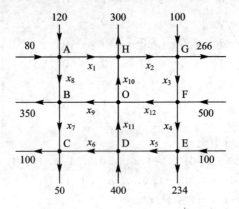

图 7.3　单行道 9 节点交通图

实验 8　情报检索问题

8.1　实验指导

现代情报检索技术是在矩阵理论的基础上发展起来的。情报中心的数据库中存放着大量文件，读者希望从中搜索到与自己特定关键词相匹配的文件。文件的类型可以是书籍、期刊、研究报告、因特网上的网页等等。

假如数据库中包括了 n 个文件，而搜索所用的关键词有 m 个。关键词按字母顺序排列，我们就可以把数据库用一个 $m \times n$ 的矩阵 A 来表示。矩阵 A 的第 j 列表示第 j 个文件，矩阵 A 的第 i 行表示第 i 个关键词，矩阵 A 的元素 a_{ij} 表示第 i 个关键词出现在第 j 个文件中的相对频率。用于检索的关键词清单用 m 维列向量 x 表示。假如检索策略中含有 i、j、k 三个关键词，则让搜索向量 x 的第 i、j、k 个元素为 1，其他元素为 0。当确定了数据库矩阵 A 和搜索向量 x 后，进行线性变换运算：$y = A^{\mathrm{T}} x$，其中向量 y 即为检索结果。

8.2　实验内容

例 8.1　假如某数据库包含以下 8 种图书：

　　B1：线性代数

　　B2：初等线性代数

　　B3：初等线性代数及其应用

　　B4：线性代数及其应用

　　B5：矩阵代数及其应用

　　B6：矩阵理论

　　B7：线性代数及 MATLAB 入门

　　B8：基于 MATLAB 的线性代数及其应用

而检索的 7 个关键词按拼音字母次序排列为：

　　初等，代数，矩阵，理论，MATLAB，线性，应用

　　读者 1 的检索策略：代数，MATLAB

　　读者 2 的检索策略：代数，MATLAB，应用

请用矩阵运算来为这两位读者检索图书。

解 因为这些关键词在书名中出现最多只有 1 次，所以其相对频率数不是 0 就是 1。当第 i 个关键词出现在第 j 本书名上时，矩阵 A 的元素 a_{ij} 就等于 1；否则就等于 0。这样数据库矩阵就可以用表 8.1 来表示。

表 8.1 情报检索矩阵表

关键词	书							
	B1	B2	B3	B4	B5	B6	B7	B8
初等	0	1	1	0	0	0	0	0
代数	1	1	1	1	1	0	1	1
矩阵	0	0	0	0	1	1	0	0
理论	0	0	0	0	0	1	0	0
MATLAB	0	0	0	0	0	0	1	1
线性	1	1	1	1	0	0	1	1
应用	0	0	1	1	1	0	0	1

读者 1 输入的关键词是

    代数，MATLAB

读者 2 输入的关键词是

    代数，MATLAB，应用

则数据库矩阵 A 和搜索向量 x_1 及 x_2 分别为

$$A = \begin{bmatrix} 0 & 1 & 1 & 0 & 0 & 0 & 0 & 0 \\ 1 & 1 & 1 & 1 & 1 & 0 & 1 & 1 \\ 0 & 0 & 0 & 0 & 1 & 1 & 0 & 0 \\ 0 & 0 & 0 & 0 & 0 & 1 & 0 & 0 \\ 0 & 0 & 0 & 0 & 0 & 0 & 1 & 1 \\ 1 & 1 & 1 & 1 & 0 & 0 & 1 & 1 \\ 0 & 0 & 1 & 1 & 1 & 0 & 0 & 1 \end{bmatrix}, \quad x_1 = \begin{bmatrix} 0 \\ 1 \\ 0 \\ 0 \\ 1 \\ 0 \\ 0 \end{bmatrix}, \quad x_2 = \begin{bmatrix} 0 \\ 1 \\ 0 \\ 0 \\ 1 \\ 0 \\ 1 \end{bmatrix}$$

搜索结果可以通过以下线性变换求得

$$y_1 = A^{\mathrm{T}} x_1, \quad y_2 = A^{\mathrm{T}} x_2$$

在 MATLAB 命令窗口输入：

    A=[0, 1, 1, 0, 0, 0, 0, 0; 1, 1, 1, 1, 1, 0, 1, 1; 0, 0, 0, 0, 1, 1, 0, 0; 0, 0, 0, 0, 0, 1,
    0, 0; 0, 0, 0, 0, 0, 0, 1, 1; 1, 1, 1, 1, 0, 0, 1, 1; 0, 0, 1, 1, 1, 0, 0, 1];

x1＝[0；1；0；0；1；0；0]；
x2＝[0；1；0；0；1；0；1]；
y1＝A′ * x1；
y2＝A′ * x2；
y1＝y1′
y2＝y2′

计算结果为：

y1 ＝

    1 1 1 1 1 0 2 2

y2 ＝

    1 1 2 2 2 0 2 3

向量 y_1、y_2 的各个分量分别表示 8 种图书与搜索向量匹配的程度。y_1 的第 7 和第 8 个分量都为 2，说明后两本书 B7 和 B8 必然包含读者 1 的检索策略中的两个关键词，这两本书就被认为具有最高的匹配度；同理，y_2 的第 8 个分量为 3，说明图书 B8 包含了读者 2 的检索策略中的三个关键词，这本书就被认为具有最高的匹配度。

8.3 实验习题

假如一个数据库包含以下 10 种图书：

B1：高等代数

B2：线性代数

B3：工程线性代数

B4：初等线性代数

B5：线性代数及其应用

B6：MATLAB 在数值线性代数中应用

B7：矩阵代数及其应用

B8：矩阵理论

B9：线性代数及 MATLAB 入门

B10：基于 MATLAB 的线性代数及其应用

而检索的 6 个关键词按拼音字母次序排列为

代数，工程，矩阵，MATLAB，数值，应用

读者 1 的检索策略：代数，MATLAB

读者 2 的检索策略：代数，应用

请用矩阵运算来为这两位读者检索图书。

实验 9　飞机航线问题

9.1　实验指导

图论是应用数学的一个软件分支,它广泛地应用于各个领域。本实验介绍了一个图论的基本应用,并用 MATLAB 给出了具体解答。

图 9.1 描述了四个城市之间的航空航线图,其中 1、2、3、4 表示四个城市;带箭头线段表示两个城市之间的航线。

图 9.1　航空航线图(四城市)

从图中可以看出:城市 1 到城市 2 有航班,而城市 2 到城市 1 没有航班;城市 1 和城市 4 之间来回都有航班;城市 3 和城市 4 之间没有航班。为了描述这四个城市航线的邻接关系,定义邻接矩阵 A 为:

$$A = \begin{bmatrix} 0 & 1 & 1 & 1 \\ 0 & 0 & 1 & 1 \\ 0 & 0 & 0 & 0 \\ 1 & 1 & 0 & 0 \end{bmatrix}$$

其中,第 i 行描述从城市 i 出发,可以到达各个城市的情况,若能到达第 j 个城市,则 $a_{ij}=1$,否则 $a_{ij}=0$,规定 $a_{ii}=0$(其中 $i=1,2,3,4$)。如第二行表示:从城市 2 出发可以到达城市 3 和城市 4,不能到达城市 1 和城市 2。

从数学上可以证明:

矩阵 A^2 表示一个人连续坐两次航班可以到达的城市,矩阵 A^3 表示一个人连续坐三次航班可以到达的城市,如:

$$A^3 = \begin{bmatrix} 1 & 2 & 2 & 2 \\ 0 & 1 & 2 & 2 \\ 0 & 0 & 0 & 0 \\ 2 & 2 & 1 & 1 \end{bmatrix}$$

分析矩阵 A^3 的第二行可以得出：某人从城市 2 出发，连续坐三次航班可以到达城市 2、城市 3 和城市 4，不能到达城市 1，而到达城市 3 和城市 4 的方法各有两种。

表 9.1 给出了与本实验相关的 MATLAB 命令。

表 9.1　与本实验相关的 MATLAB 命令

命　　令	功　能　说　明	位置
max(B)	计算矩阵 B 每一列的最大值，计算结果是一个行向量	例 9.1
max(max(B))	计算矩阵 B 的列最大值构成向量的最大值，结果即为矩阵 B 的最大值	例 9.1
[i, j]＝find(B＝＝m)	寻找矩阵 B 中值为 m 的元素的位置，i 和 j 为同维列向量，它们分别存放行值和列值	例 9.1

9.2　实验内容

例 9.1　图 9.2 描述了六个城市之间的航空航线图，其中 1、2、……、6 表示六个城市，带箭头线段表示两个城市之间的航线。用 MATLAB 软件完成以下操作：

（1）构造该图的邻接矩阵 A；

（2）若某人连续乘坐五次航班，那么他从哪一个城市出发到达哪一个城市的方法最多？

（3）若某人可以乘坐一次、二次、三次或四次航班，那么他从哪一个城市出发总是不能达到哪一个城市？

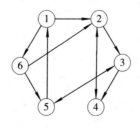

图 9.2　航空航线图（六城市）

解 (1)根据前面的讨论及图 9.2，构造邻接矩阵 $\boldsymbol{A}$；

(2)计算矩阵 $\boldsymbol{A}^5$，找出该矩阵的最大元素，并确定它所在的位置；

(3)计算矩阵 $\boldsymbol{A}+\boldsymbol{A}^2+\boldsymbol{A}^3+\boldsymbol{A}^4$，找出该矩阵中零元素的位置。

在 MATLAB 软件的 M 编辑器中编写 la20.m 文件：

```
% 图与矩阵
clear
A=[0, 1, 0, 0, 0, 1; 0, 0, 1, 1, 0, 0; 0, 0, 0, 1, 1, 0; 0, 1, 0, 0, 0, 0; 1, 0, 1, 0, 0, 0;
    0, 1, 0, 0, 1, 0];                    % 构造邻接矩阵
B=A^5;
C=A+A^2+A^3+A^4;
disp('邻接矩阵 A 为：');
disp(A);
disp('矩阵 A^5 为：');
disp(B);
m=max(max(B));                    % 计算矩阵 B 的最大值
[m_i, m_j]=find(B==m);            % 寻找矩阵 B 中元素等于 m 的位置
fprintf('矩阵 A^5 最大值%d 的位置在：\n', m);
disp([m_i, m_j]);
disp('矩阵 A+A^2+A^3+A^4 为：');
disp(C);
[z_i, z_j]=find(C==0);            % 寻找矩阵 C 中零元素的位置
disp('矩阵 A+A^2+A^3+A^4 零元素的位置在：');
disp([z_i, z_j]);
```

在 MATLAB 命令窗口中输入：

```
la20
```

计算结果为：

邻接矩阵 A 为：

```
0   1   0   0   0   1
0   0   1   1   0   0
0   0   0   1   1   0
0   1   0   0   0   0
1   0   1   0   0   0
0   1   0   0   1   0
```

矩阵 A^5 为：

2	5	5	5	3	1
2	4	4	3	2	0
2	3	5	5	2	1
0	2	1	3	2	1
2	6	4	5	4	1
1	4	4	7	4	2

矩阵 A^5 最大值 7 的位置在:

6   4

矩阵 A+A^2+A^3+A^4 为:

2	6	5	6	4	2
1	4	4	6	3	1
2	5	4	5	4	1
1	3	3	3	1	0
3	5	6	4	2	
3	6	6	5	4	1

矩阵 A+A^2+A^3+A^4 零元素的位置在:

4   6

从计算结果中可以看出,矩阵 A^5 最大值出现在矩阵的第六行第四列,说明这个人如果从城市 6 出发连续乘坐五次航班后到达城市 4,他可以选择的乘机路线最多,共有 7 种不同的方法。

矩阵 A+A^2+A^3+A^4 的零元素出现在第四行第六列,说明这个人如果从城市 4 出发,他乘坐一次、二次、三次或四次航班都无法到达城市 6。

9.3 实验习题

5 个小朋友玩传球游戏。游戏规则:任意两个人之间都可以相互传球,但自己不能给自己传。请用 MATLAB 完成以下操作:

(1)把 5 个小朋友看成 5 个节点,构造这 5 个节点的邻接矩阵 **A**;

(2)假设从第一个小朋友开始传球,经过四次传球后,球又传回到第一个小朋友手里。问共有多少种不同的传法。

(3)假设从第一个小朋友开始传球,经过一次、二次,或者三次传球,球传给了第二个小朋友。问共有多少种不同的传法。

实验 10   行列式的几何应用

10.1   实验指导

本实验利用二阶行列式和三阶行列式的几何意义分别计算平行四边形的面积及平行六面体的体积,并用 MATLAB 软件来实现具体运算。

二阶行列式和三阶行列式的几何意义如下:

(1) 由向量 $\boldsymbol{u}=[a_1,\ b_1]$ 和 $\boldsymbol{v}=[a_2,\ b_2]$ 所构成的平行四边形的面积为行列式 $\begin{vmatrix} a_1 & b_1 \\ a_2 & b_2 \end{vmatrix}$ 的绝对值,如图 10.1(1)所示。

(2) 由向量 $\boldsymbol{u}=[a_1,\ b_1,\ c_1]$、$\boldsymbol{v}=[a_2,\ b_2,\ c_2]$ 和 $\boldsymbol{w}=[a_3,\ b_3,\ c_3]$ 所构成的平行六面体的体积为行列式 $\begin{vmatrix} a_1 & b_1 & c_1 \\ a_2 & b_2 & c_2 \\ a_3 & b_3 & c_3 \end{vmatrix}$ 的绝对值,如图 10.1(2)所示。

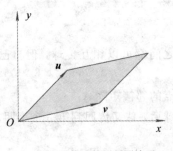

(1) 向量构成的平行四边形

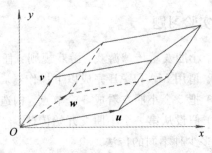

(2) 向量构成的平行六面体

图 10.1   行列式的几何意义

表 10.1 给出了与本实验相关的 MATLAB 命令。

表 10.1　与本实验相关的 MATLAB 命令

命　　令	功　能　说　明	位置
function s＝cal_area3（a，b，c）	cal_area3 为函数名，参数为 3 个二维向量，s 为函数返回值	例 10.1
＆	逻辑运算符号：逻辑与，与 C 语言 ＆＆ 功能类似	例 10.1
|	逻辑运算符号：逻辑或，与 C 语言 || 功能类似	例 10.1
return	结束当前程序，返回调用处	例 10.1
A＝[ab；ac]	把行向量 ab 和行向量 ac 分别放到矩阵 A 的第一行和第二行	例 10.1
A＝[ab，ac]	把列向量 ab 和列向量 ac 分别放到矩阵 A 的第一列和第二列	例 10.1
abs	针对复数取幅值函数；针对实数取绝对值	例 10.1

10.2　实验内容

例 10.1　根据二阶行列式的几何意义，利用 MATLAB 软件编写通用函数，计算三角形 ABC 的面积。其中三角形三个顶点坐标以参数形式输入。

（1）已知三角形 ABC 三个顶点的坐标为：$(1,5)$、$(4,3)$、$(2,-1)$，利用通用函数计算该三角形的面积；

（2）已知凸五边形 $ABCDE$ 五个顶点的坐标分别为：$(-3,4)$、$(1,5)$、$(5,1)$、$(-1,-1)$、$(-6,1)$，利用通用函数计算该五边形的面积。

（3）在平面坐标系中画出以上三角形和五边形。

解　设三角形 ABC 顶点坐标分别为：$[a_1,b_1]$、$[a_2,b_2]$ 和 $[a_3,b_3]$，则向量 $\overrightarrow{AB}=\overrightarrow{OB}-\overrightarrow{OA}=[a_2-a_1,b_2-b_1]$，向量 $\overrightarrow{AC}=\overrightarrow{OC}-\overrightarrow{OA}=[a_3-a_1,b_3-b_1]$，而三角形 ABC 的面积就等于向量 $\overrightarrow{AB}$ 和向量 $\overrightarrow{AC}$ 所构成的平行四边形面积的一半，如图 10.2 所示。

根据行列式的几何意义，可以得到计算三角形 ABC 面积的公式如下：

$$S = 0.5 \text{ abs}\left(\begin{vmatrix} a_2-a_1 & b_2-b_1 \\ a_3-a_1 & b_3-b_1 \end{vmatrix}\right)$$

式中，abs 为取绝对值。

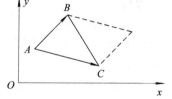

图 10.2　向量构成的三角形

在 MATLAB 软件的 M 编辑器中编写计算三角形面积的通用函数 cal_area3.m：

```
% 函数 cal_area3( ) 利用行列式计算三角形面积
```

```
function s＝cal_area3(a, b, c)
if size(a)～＝[1, 2]&size(a)～＝[2, 1]|size(a)～＝size(b)|size(a)～＝size(c)
            % 确定参数格式是否正确，a, b, c 应为同形的二维行向量或列向量
        disp('参数格式错误');
        return;                                    % 结束当前程序，返回调用处
end
ab＝b－a;                                          % 计算向量 AB
ac＝c－a;                                          % 计算向量 AC
if size(ab)＝＝[1, 2]                             % 判断向量 AB 是否为行向量
        A＝[ab; ac];                              % 构造矩阵 A
else
        A＝[ab, ac];
end
S＝abs(det(A))/2;                                 % 根据公式计算三角形面积
```

（1）在 MATLAB 的 M 文件编辑器中编写程序 la21. m：

```
% 计算三角形的面积
a=input('请输入 A 点坐标：');                     % 输入三角形顶点坐标
b=input('请输入 B 点坐标：');
c=input('请输入 C 点坐标：');
S=cal_area3(a, b, c);                            % 调用函数 cal_area3
fprintf('三角形的面积为：%d', S);                  % 输出计算结果
```

在 MATLAB 的命令窗口输入：

```
la21
```

人机对话结果为：

```
请输入 A 点坐标：[1, 5]
请输入 B 点坐标：[4, 3]
请输入 C 点坐标：[2, －1]
三角形的面积为：8
```

（2）在 MATLAB 软件的 M 文件编辑器中，编写计算凸多边形面积的通用函数 cal_arean. m：

```
% 函数 cal_arean( ) 利用行列式计算凸多边形面积
function s＝cal_arean(A)
[m, n]＝size(A);
if (m～＝2&n～＝2) | (m<3&n<3)                    % 确定参数格式是否正确
        disp('参数格式错误');                       % A 应为 2×n 或 m×2 矩阵
        return;                                    % 且 n 和 m 不能同时小于 3
```

```
        end
    if m==2                          % 如果输入矩阵为 2×n
        A=A';                        % 把矩阵转置
        [m,n]=size(A);               % 重新取得矩阵行与列
    end
    s=0;                             % 给结果变量赋初值零
                                     % 计算凸 m 边形的面积
    for i=1：m-2                     % 累加 m-2 个三角形面积
        s=s+cal_area3(A(1,：),A(1+i,：),A(2+i,：));
                                     % 调用计算三角形面积函数 cal_area3()
    end
```

在 MATLAB 的 M 文件编辑器中编写程序 la22.m：

```
% 计算凸多边形的面积
A=input('请输入凸多边形顶点的坐标：');   % 输入凸多边形顶点坐标
S=cal_arean(A);                          % 调用函数 cal_arean
fprintf('凸多边形的面积为：%d',S);        % 输出计算结果
```

在 MATLAB 的命令窗口输入：

```
la22
```

人机对话结果为：

请输入凸多边形顶点的坐标：[-3,4；1,5；5,1；-1,-1；-6,1]
凸多边形的面积为：3.750000e+001

矩阵 **A** 的五行分别表示凸五边形 *ABCDE* 五个顶点的坐标,该多边形的面积为 3.75×10^1。

(3) 在 MATLAB 的 M 文件编辑器中编写绘制三角形和五边形的程序 la23.m：

```
%画三角形
close all
A=[1,5；4,3；2,-1；1,5]；% 矩阵 A 的最后一行和第一行相同,目的是画出闭合图形
subplot(1,2,1);
plot(A(:,1),A(:,2));         % 以矩阵 A 的第一列为横坐标,以矩阵 A 的第二列为纵坐标
axis equal;
axis square;
grid on;
%画五边形
A=[-3,4；1,5；5,1；-1,-1；-6,1；-3,4]；
subplot(1,2,2);
plot(A(:,1),A(:,2));
```

```
axis equal;
axis square;
grid on;
```

在 MATLAB 命令窗口中输入：

```
la23
```

绘制图形如图 10.3 所示。

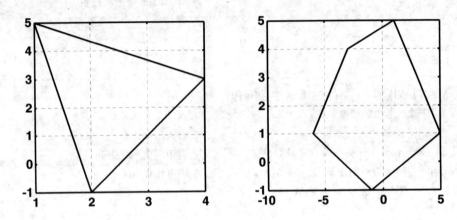

图 10.3　凸多边形的绘制图

10.3　实验习题

1. 如图 10.4 所示，求向量 $u=[1,2,3]$、$v=[3,1,0]$、$w=[0,5,1]$ 所构成的四面体体积。

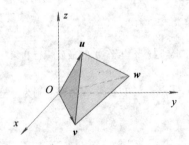

图 10.4　3 个三维向量所构成的四面体

2. 计算凸十边形的面积，并在平面坐标系中画出该图形。其中 10 个顶点的坐标为：$(0,8)$、$(3,7)$、$(4,5)$、$(4,0)$、$(3,-4)$、$(1,-5)$、$(-3,-5)$、$(-6,0)$、$(-5,6)$、$(-2,8)$。

实验 11　药方配制问题

11.1　实验指导

本实验给出了一个中成药的配制问题，其中涉及到了向量组的线性相关性、向量组的最大无关组、向量的线性表示及向量空间等线性代数知识。并利用 MATLAB 软件完成具体计算。

11.2　实验内容

例 11.1　某中药厂用 9 种中草药（A、B、……、I），根据不同的比例制成了 7 种特效药。表 11.1 给出了每种特效药每包所需各种成分的质量（单位：克）。

表 11.1　特效药的成分含量　　　　　单位：克

	1 号成药	2 号成药	3 号成药	4 号成药	5 号成药	6 号成药	7 号成药
A	10	2	14	12	20	38	100
B	12	0	12	25	35	60	55
C	5	3	11	0	5	14	0
D	7	9	25	5	15	47	35
E	0	1	2	25	5	33	6
F	25	5	35	5	35	55	50
G	9	4	17	25	2	39	25
H	6	5	16	10	10	35	10
I	8	2	12	0	0	6	20

（1）某医院要购买这 7 种特效药，但药厂的第 3 号和第 6 号特效药已经卖完，请问能否用其他特效药配制出这两种脱销的药品。

（2）现在该医院想用这 9 种草药配制三种新的特效药，表 11.2 给出新药所需的成分质量（单位：克）。请问如何配制。

表 11.2　三种新药的成分含量　　　　　　　　单位：克

	1 号新药	2 号新药	3 号新药
A	40	162	88
B	62	141	67
C	14	27	8
D	44	102	51
E	53	60	7
F	50	155	80
G	71	118	38
H	41	68	21
I	-14	52	30

解　（1）把每一种特效药都看成一个九维列向量，分析向量组 u_1，u_2，$\cdots$，u_7 的线性相关性。若向量组线性无关，则无法配制脱销的特效药；若向量组线性相关，并且能找到不含 u_3 和 u_6 的一个最大无关组，则可以利用现有的特效药来配制第 3 号和第 6 号药品。

在 MATLAB 的命令窗口中输入：

```
u1=[10;12;5;7;0;25;9;6;8];
u2=[2;0;3;9;1;5;4;5;2];
u3=[14;12;11;25;2;35;17;16;12];
u4=[12;25;0;5;25;5;25;10;0];
u5=[20;35;5;15;5;35;2;10;0];
u6=[38;60;14;47;33;55;39;35;6];
u7=[100;55;0;35;6;50;25;10;20];
U=[u1,u2,u3,u4,u5,u6,u7]
[U0,r]=rref(U)
```

计算结果为：

U =

10	2	14	12	20	38	100
12	0	12	25	35	60	55
5	3	11	0	5	14	0
7	9	25	5	15	47	35
0	1	2	25	5	33	6
25	0	35	5	35	55	50
9	4	17	25	2	39	25
6	5	16	10	10	35	10
8	2	12	0	0	6	20

U0 =

1	0	1	0	0	0	0
0	1	2	0	0	3	0
0	0	0	1	0	1	0
0	0	0	0	1	1	0
0	0	0	0	0	0	1
0	0	0	0	0	0	0
0	0	0	0	0	0	0
0	0	0	0	0	0	0
0	0	0	0	0	0	0

r =

1	2	4	5	7

从最简行阶梯矩阵 U0 中可以看出，特效药向量组是线性相关的，它的秩是 5，它的一个最大无关组是 u_1，u_2，u_4，u_5，u_7，则可以用现有特效药来配制出 3 号和 6 号药品：

$$u_3 = u_1 + 2u_2, \quad u_6 = 3u_2 + u_4 + u_5$$

（2）三种新药分别用向量 v_1、v_2 和 v_3 表示，把特效药向量组和新药向量组放入同一个矩阵中：

$$U = [u_1, u_2, u_3, u_4, u_5, u_6, u_7, v_1, v_2, v_3]$$

经过初等行变换，矩阵 U 变为最简行阶梯矩阵 U_0，从 U_0 中的后 3 列就可以获得答案。

在 MATLAB 命令窗口中输入：

```
u1=[10；12；5；7；0；25；9；6；8]；
u2=[2；0；3；9；1；5；4；5；2]；
u3=[14；12；11；25；2；35；17；16；12]；
u4=[12；25；0；5；25；5；25；10；0]；
u5=[20；35；5；15；5；35；2；10；0]；
u6=[38；60；14；47；33；55；39；35；6]；
u7=[100；55；0；35；6；50；25；10；20]；
v1=[40；62；14；44；53；50；71；41；14]；
v2=[162；141；27；102；60；155；118；68；52]；
v3=[88；67；8；51；7；80；38；21；30]；
U=[u1, u2, u3, u4, u5, u6, u7, v1, v2, v3]；
[U0，r]=rref(U)
```

计算结果为：

U0 =

$$
\begin{array}{cccccccccc}
1 & 0 & 1 & 0 & 0 & 0 & 0 & 1 & 3 & 0 \\
0 & 1 & 2 & 0 & 0 & 3 & 0 & 3 & 4 & 0 \\
0 & 0 & 0 & 1 & 0 & 1 & 0 & 2 & 2 & 0 \\
0 & 0 & 0 & 0 & 1 & 1 & 0 & 0 & 0 & 0 \\
0 & 0 & 0 & 0 & 0 & 0 & 1 & 0 & 1 & 0 \\
0 & 0 & 0 & 0 & 0 & 0 & 0 & 0 & 0 & 1 \\
0 & 0 & 0 & 0 & 0 & 0 & 0 & 0 & 0 & 0 \\
0 & 0 & 0 & 0 & 0 & 0 & 0 & 0 & 0 & 0 \\
0 & 0 & 0 & 0 & 0 & 0 & 0 & 0 & 0 & 0 \\
\end{array}
$$

$$r = \qquad 1 \quad 2 \quad 4 \quad 5 \quad 7 \quad 10$$

从最简行阶梯矩阵 $U0$ 的后 3 列可以看出:

$$v_1 = u_1 + 3u_2 + 2u_4, \qquad v_2 = 3u_1 + 4u_2 + 2u_4 + u_7$$

而 v_3 不能由前 7 种特效药线性表示,即无法配制出第 3 号新药。

11.3 实验习题

一个混凝土生产企业可以生产出三种不同型号的混凝土,它们的具体配方比例如表 11.3 所示。

表 11.3 混凝土的配方

	型号 1 混凝土	型号 2 混凝土	型号 3 混凝土
水	10	10	10
水泥	22	26	18
沙	32	31	29
石子	53	64	50
粉煤灰	0	5	8

(1) 分析这三种混凝土是否可以用其中的两种来配出第三种?

(2) 现在有甲、乙两个用户要求混凝土中含水、水泥、沙、石子及粉煤灰的比例分别为:24,52,73,133,12 和 36,75,100,185,20。那么,能否用这三种型号混凝土配出满足甲和乙要求的混凝土?如果需要这两种混凝土各 500 吨,问三种混凝土各需要多少?

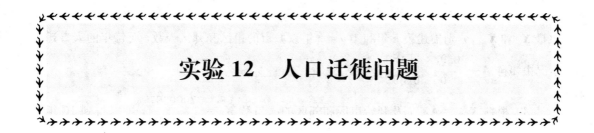

实验 12　人口迁徙问题

12.1　实验指导

本实验从人口迁徙问题出发，讨论了方程组、矩阵乘法、特征值的特征向量及矩阵对角化问题，并利用 MATLAB 软件对线性代数理论进行了验证。表 12.1 给出了与本实验相关的 MATLAB 命令。

表 12.1　与本实验相关的 MATLAB 命令

命　　令	功　能　说　明	位置
syms n	定义符号变量 n	例 12.1
lamda .^ n	群运算，对矩阵 lamda 中所有元素进行幂运算	例 12.1

12.2　实验内容

例 12.1　假设一个城市的总人口数是固定不变的，但人口的分布情况变化如下：每年都有 5％的市区居民搬到郊区，而有 15％的郊区居民搬到市区。若开始有 700 000 人口居住在市区，300 000 人口居住在郊区，请利用 MATLAB 软件分析：

（1）10 年后市区和郊区的人口各是多少？

（2）30 年后、50 年后市区和郊区的人口各是多少？

（3）分析（2）中数据相似的原因。

解　设第 n 年市区人数和郊区人数分别为 x_n 和 y_n，则第 $n+1$ 年的市区和郊区人数为

$$\begin{cases} x_{n+1} = 0.95x_n + 0.15y_n \\ y_{n+1} = 0.05x_n + 0.85y_n \end{cases}$$

用矩阵表示为

$$\begin{bmatrix} x_{n+1} \\ y_{n+1} \end{bmatrix} = \begin{bmatrix} 0.95 & 0.15 \\ 0.05 & 0.85 \end{bmatrix} \begin{bmatrix} x_n \\ y_n \end{bmatrix}$$

进一步写为

$$X_{n+1} = AX_n$$

向量 X_n 和 X_{n+1} 分别描述第 n 年和第 $n+1$ 年该城市的市区和郊区人数，而每年的人口迁徙情况由矩阵 $A = \begin{bmatrix} 0.95 & 0.15 \\ 0.05 & 0.85 \end{bmatrix}$ 来控制。

(1) 根据 $X_{n+1} = AX_n$，及开始市区和郊区的人口数 $X_0 = \begin{bmatrix} 700000 \\ 300000 \end{bmatrix}$，可以得到 10 年后市区和郊区的人口分布为

$$X_{10} = AX_9 = A^2 X_8 = \cdots = A^{10} X_0$$

在 MATLAB 命令窗口中输入：

```
A=[0.95, 0.15; 0.05, 0.85];
X0=[700000; 300000];
X10=A^10*X0
```

计算结果为：

```
X10 =
    1.0e+005 *
        7.4463
        2.5537
```

可以知道，10 年后市区和郊区人口数约为 744 630 和 255 370。

(2) 同理可以得到 30 年后和 50 年后的人口分布为

$$X_{30} = A^{30} X_0 \quad \text{和} \quad X_{50} = A^{50} X_0$$

在 MATLAB 命令窗口中输入：

```
A=[0.95, 0.15; 0.05, 0.85];
X0=[700000; 300000];
X30=A^30*X0
X50=A^50*X0
```

计算结果为：

```
X30 =
    1.0e+005 *
        7.4994
        2.5006
X50 =
    1.0e+005 *
        7.5000
        2.5000
```

从计算结果可以看出，30 年后和 50 年后的市区和郊区人口分布非常接近。

（3）若矩阵 A 可以对角化，则可以利用矩阵对角化的方法来计算矩阵 A^n。

设矩阵 A 的特征值构成的对角矩阵为 Λ，则总存在可逆矩阵 P，使得

$$A = P\Lambda P^{-1}$$

则

$$A^n = P\Lambda^n P^{-1}$$

其中，矩阵 P 为 A 的特征值所对应的特征列向量所构成的矩阵。那么有

$$X_n = A^n X_0 = P\Lambda^n P^{-1} X_0$$

可以利用 MATLAB 的符号运算来计算 n 年后该城市的人口分布情况 X_n。在 MATLAB 的 M 文件编辑器中编写程序 la24.m：

```
% 分析 n 年后城市人口分布
A=[0.95,0.15;0.05,0.85];
X0=[700000;300000];
[P,lamda]=eig(A);
syms n                        % 定义符号变量 n
Xn=P*lamda.^n*inv(P)*X0       % .^n 群运算，对矩阵 lamda 中所有元素进行幂运算
```

在 MATLAB 命令窗口输入：

```
la24
```

计算结果为：

```
Xn =
[ 750000−50000*(4/5)^n]
[ 250000+50000*(4/5)^n]
```

从计算结果可以看出：当 n 越大，$(4/5)^n$ 就越趋近于零，则 X_n 就趋近于 $\begin{bmatrix} 750000 \\ 250000 \end{bmatrix}$，这就是为什么 X_{30} 与 X_{50} 接近的原因。

12.3 实验习题

李博士培养了一罐细菌，在这个罐子里存放着 A、B、C 三类不同种类的细菌，最开始 A、B、C 三种细菌分别有 10^8、2×10^8、3×10^8 个。但这些细菌每天都要发生类型转化，转化情况如下：A 类细菌一天后有 5% 变为 B 类细菌、15% 变为 C 类细菌；B 类细菌一天后有 30% 变为 A 类细菌、10% 变为 C 类细菌；C 类细菌一天后有 30% 变为 A 类细菌、20% 变为 B 类细菌。请利用 MATLAB 软件分析：

（1）一周后李博士的 A、B、C 类细菌各有多少个？

（2）两周后和三周后李博士的 A、B、C 类细菌各有多少个？

（3）分析在若干周后，李博士的各种细菌的个数几乎不发生变化的原因。

实验 13   多项式插值与曲线拟合

13.1   实验指导

本实验介绍了多项式插值和曲线拟合的概念。利用求解适定线性方程组实现函数插值，利用求解超定线性方程组来实现曲线拟合，并用 MATLAB 软件绘制出插值和拟合的图形。表 13.1 给出了与本实验相关的 MATLAB 命令。

表 13.1   与本实验相关的 MATLAB 命令

命令或函数	功 能 说 明	位置
x. ^ 4	群运算，对向量 x 中所有元素进行幂运算	例 13.1
xi＝linspace(−1，9，100)	构造具有 100 个元素的一维数组，其值从 −1 到 9 均匀分布	例 13.1
plot(x，y，'o')	在图中用符号"o"来标注位置 x，y	例 13.1
p＝polyfit(x，y，2)	对数据 x，y 进行 2 次多项式拟合，p 是拟合结果按从高次幂到低次幂排列的系数向量	例 13.1

13.2   实验内容

例 13.1   表 13.2 给出了平面坐标系中 5 个点的坐标。

表 13.2   5 点数据表

x	0	1	2	3	4
y	−27	0	21	0	−75

（1）请过这 5 个点作一个四次多项式函数 $p_4(x)=a_0+a_1x+a_2x^2+a_3x^3+a_4x^4$，并求当 $x=5$ 时的函数值 $p_4(5)$。用 MATLAB 绘制多项式函数 $p_4(x)$ 曲线、已知点及插值点 $(5，p_4(5))$。

（2）请根据这 5 个点拟合一个二次多项式函数 $p_2(x)=a_0+a_1x+a_2x^2$，并用 MATLAB 绘制多项式函数 $p_2(x)$ 曲线及已知的 5 个点。

解   （1）根据已知条件，把 5 个点的坐标值分别代入四次多项式函数，可以得到如下线性方程组：

$$\begin{cases} a_0 + a_1 0 + a_2 0^2 + a_3 0^3 + a_4 0^4 = -27 \\ a_0 + a_1 1 + a_2 1^2 + a_3 1^3 + a_4 1^4 = 0 \\ a_0 + a_1 2 + a_2 2^2 + a_3 2^3 + a_4 2^4 = 21 \\ a_0 + a_1 3 + a_2 3^2 + a_3 3^3 + a_4 3^4 = 0 \\ a_0 + a_1 4 + a_2 4^2 + a_3 4^3 + a_4 4^4 = -75 \end{cases}$$

对应矩阵等式为

$$\boldsymbol{Aa} = \boldsymbol{y}$$

其中

$$\boldsymbol{A} = \begin{bmatrix} 1 & 0 & 0^2 & 0^3 & 0^4 \\ 1 & 1 & 1^2 & 1^3 & 1^4 \\ 1 & 2 & 2^2 & 2^3 & 2^4 \\ 1 & 3 & 3^2 & 3^3 & 3^4 \\ 1 & 4 & 4^2 & 4^3 & 4^4 \end{bmatrix}, \quad \boldsymbol{a} = \begin{bmatrix} a_0 \\ a_1 \\ a_2 \\ a_3 \\ a_4 \end{bmatrix}, \quad \boldsymbol{y} = \begin{bmatrix} -27 \\ 0 \\ 21 \\ 0 \\ -75 \end{bmatrix}$$

系数矩阵 $\boldsymbol{A}$ 的行列式为范德蒙行列式，且 5 个坐标点的横坐标各不相同，则该行列式不等于零，所以方程组有唯一解。

（2）根据已知条件，把 5 个点的坐标值分别代入二次多项式函数，可以得到如下线性方程组：

$$\begin{cases} a_0 + a_1 0 + a_2 0^2 = -27 \\ a_0 + a_1 1 + a_2 1^2 = 0 \\ a_0 + a_1 2 + a_2 2^2 = 21 \\ a_0 + a_1 3 + a_2 3^2 = 0 \\ a_0 + a_1 4 + a_2 4^2 = -75 \end{cases}$$

对应矩阵等式为

$$\boldsymbol{Aa} = \boldsymbol{y}$$

其中

$$\boldsymbol{A} = \begin{bmatrix} 1 & 0 & 0^2 \\ 1 & 1 & 1^2 \\ 1 & 2 & 2^2 \\ 1 & 3 & 3^2 \\ 1 & 4 & 4^2 \end{bmatrix}, \quad \boldsymbol{a} = \begin{bmatrix} a_0 \\ a_1 \\ a_2 \end{bmatrix}, \quad \boldsymbol{y} = \begin{bmatrix} -27 \\ 0 \\ 21 \\ 0 \\ -75 \end{bmatrix}$$

该方程组有 3 个未知数，但有 5 个方程，进一步分析可以得到该方程组无解，即不存在一个二次多项式曲线刚好能过已知的 5 个点。MATLAB 软件提供了一个利用最小二乘法解决超定方程组近似解的方法，即可以找到一条二次曲线来近似地描述已知 5 点的变化情况。

在 MATLAB 软件 M 文件编辑器中编写程序 la25.m：

```
% 多项式插值和函数逼近
clear
close all
x=[0; 1; 2; 3; 4];                      % 输入已知点坐标
y=[-27; 0; 21; 0; -75];
A=[x.^0, x.^1, x.^2, x.^3, x.^4];       % 构造范德蒙矩阵
a=A\y;                                  % 得到适定方程组的唯一解 a，即确定了多项式函数
% 或 p=polyfit(x, y, 4)                 % p 是按从高次幂到低次幂排列的系数向量；
disp('四次多项式系数为：')
disp(a);
xi=linspace(-1, 9.5, 100);              % 构造数组 xi，从-1 到 9.5 均匀取 100 个值
yi=a(1)+a(2)*xi+a(3)*xi.^2+a(4)*xi.^3+a(5)*xi.^4;
                                        % 计算对应 xi 的多项式函数值 yi

x0=5;
y0=a(1)+a(2)*x0+a(3)*x0^2+a(4)*x0^3+a(5)*x0^4;    % 计算插值点函数值
disp('四次多项式函数插值点 p(5)=');
disp(y0);
subplot(1, 2, 1);
plot(xi, yi, x, y, 'o', x0, y0, '*');   % 绘制四次多项式函数、已知 5 点及插值点
axis square;                            % 使坐标轴为正方形
axis([-1 9 -400 100])                   % 确定 x 轴和 y 轴范围
grid on;                                % 显示网格

A=[x.^0, x.^1, x.^2];
a=A\y;                                  % 根据最小二乘法得到超定方程组的近似解 a
% 或 p=polyfit(x, y, 2)                 % p 是按从高次幂到低次幂排列的系数向量
disp('二次多项式系数为：')
disp(a);
xi=linspace(-1, 5, 100);                % 构造数组 xi，从-1 到 5 均匀取 100 个值
yi=a(1)+a(2)*xi+a(3)*xi.^2;             % 计算对应 xi 的多项式函数值 yi
subplot(1, 2, 2);
plot(xi, yi, x, y, 'o');                % 绘制二次多项式函数及已知 5 点
```

axis square;

axis([−1 5 −150 50])

grid on;

在 MATLAB 命令窗口输入：

la25

计算结果为：

四次多项式系数为：

−27

12

26

−12

1

四次多项式函数插值点 p(5)＝

−192

二次多项式系数为：

−32. 1429

60. 6857

−17. 5714

图 13.1 给出了 MATLAB 绘制的图形。从图中可以形象地看出插值和拟合的区别。

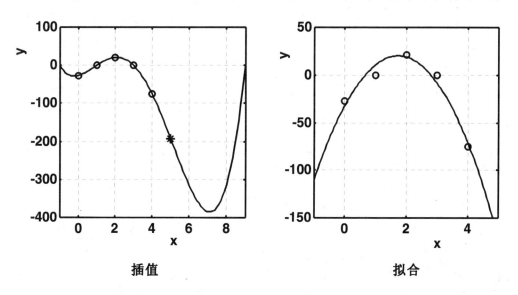

图 13.1　插值和拟合的示意图

13.3 实验习题

表 13.3 给出了平面坐标系中 6 个点的坐标。

表 13.3 6 点数据表

x	0	1	2	3	4	5
y	-750	0	840	1344	1134	0

（1）请过这 6 个点作一个五次多项式函数 $p_5(x) = a_0 + a_1 x + a_2 x^2 + a_3 x^3 + a_4 x^4 + a_5 x^5$，并求当 $x = -1$ 时的函数值 $p_5(-1)$。用 MATLAB 绘制多项式函数 $p_5(x)$ 的曲线、已知点及插值点 $(-1, p_5(-1))$。

（2）请根据这 6 个点拟合一个三次多项式函数 $p_3(x) = a_0 + a_1 x + a_2 x^2 + a_3 x^3$，并用 MATLAB 绘制多项式函数 $p_3(x)$ 曲线及已知点。

实验 14   刚体的平面运动

14.1   实验指导

本实验介绍利用矩阵乘法来实现刚体的平面运动。并用 MATLAB 对一个具体实例进行分析，最后绘制刚体运动前后的图形。

用平面坐标系中的一个闭合图形来描述刚体，用一个矩阵 X 来表示它。X 的一列表示刚体一个顶点的坐标。为了使图形闭合，X 的最后一列和第一列相同；为了实现刚体的平移运算，给矩阵 X 添加元素值都为 1 的一行，使矩阵 X 的形状为 $3 \times n$。

若有矩阵：

$$
M = \begin{bmatrix} 1 & 0 & c_1 \\ 0 & 1 & c_2 \\ 0 & 0 & 1 \end{bmatrix}, \quad
R = \begin{bmatrix} \cos t & -\sin t & 0 \\ \sin t & \cos t & 0 \\ 0 & 0 & 1 \end{bmatrix}
$$

且有

$$
Y_1 = MX, \quad Y_2 = RX
$$

可以证明：矩阵 Y_1 是刚体 X 沿 x 轴正方向平移 c_1、沿 y 轴正方向平移 c_2 后的结果；矩阵 Y_2 是刚体 X 以坐标原点为中心逆时针转动 t 弧度的结果。

14.2   实验内容

例 14.1   用下列数据表示大写字母 A。对图形 A 进行以下平面运动，并绘制移动前后的图形。

x	0	4	6	10	8	5	3.5	6.1	6.5	3.2	2	0
y	0	14	14	0	0	11	6	6	4.5	4.5	0	0

(1) 向上移动 15，向左移动 30；

(2) 逆时针转动 $\dfrac{\pi}{3}$；

（3）先逆时针转动 $\dfrac{3}{4}\pi$，然后向上移动 30，向右移动 20。

解 （1）构造刚体矩阵

$$X = \begin{bmatrix} 0 & 4 & 6 & 10 & 8 & 5 & 3.5 & 6.1 & 6.5 & 3.2 & 2 & 0 \\ 0 & 14 & 14 & 0 & 0 & 11 & 6 & 6 & 4.5 & 4.5 & 0 & 0 \\ 1 & 1 & 1 & 1 & 1 & 1 & 1 & 1 & 1 & 1 & 1 & 1 \end{bmatrix}$$

及平移矩阵

$$M = \begin{bmatrix} 1 & 0 & -30 \\ 0 & 1 & 15 \\ 0 & 0 & 1 \end{bmatrix}$$

（2）构造转动矩阵：

$$R = \begin{bmatrix} \cos\dfrac{\pi}{3} & -\sin\dfrac{\pi}{3} & 0 \\ \sin\dfrac{\pi}{3} & \cos\dfrac{\pi}{3} & 0 \\ 0 & 0 & 1 \end{bmatrix}$$

（3）构造转动矩阵：

$$R = \begin{bmatrix} \cos\dfrac{3\pi}{4} & -\sin\dfrac{3\pi}{4} & 0 \\ \sin\dfrac{3\pi}{4} & \cos\dfrac{3\pi}{4} & 0 \\ 0 & 0 & 1 \end{bmatrix}$$

及平移矩阵

$$M = \begin{bmatrix} 1 & 0 & 20 \\ 0 & 1 & 30 \\ 0 & 0 & 1 \end{bmatrix}$$

在 MATLAB 的 M 文件编辑器中编写程序 la26.m：

```
% 刚体的平面运动
close all
X=[0,4,6,10,8,5,3.5,6.1,6.5,3.2,2,0;0,14,14,0,0,11,6,6,4.5,4.5,0,0;
ones(1,12)];                          % 构造刚体矩阵
M=[1,0,-30;0,1,15;0,0,1];             % 构造平移矩阵
Y1=M*X;                               % 计算平移结果
plot(X(1,:),X(2,:));                  % 绘制原来刚体
hold on
```

```
axis equal
fill(Y1(1, :), Y1(2, :), 'red');                    % 绘制平移后刚体
R=[cos(pi/3), −sin(pi/3), 0; sin(pi/3), cos(pi/3), 0; 0, 0, 1];    % 构造转动矩阵
Y2=R*X;
fill(Y2(1, :), Y2(2, :), 'blue');                   % 绘制转动后刚体
M=[1, 0, 20; 0, 1, 30; 0, 0, 1];
R=[cos(3*pi/4), −sin(3*pi/4), 0; sin(3*pi/4), cos(3*pi/4), 0; 0, 0, 1];
Y3=M*R*X;
fill(Y3(1, :), Y3(2, :), 'black');                  % 绘制转动及平移后刚体
grid on
hold off
```

在 MATLAB 命令窗口中输入：

```
la26
```

绘制图形如图 14.1 所示。

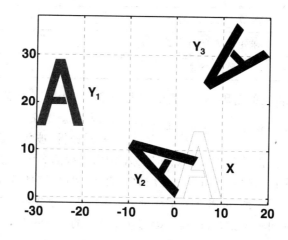

图 14.1　刚体的平面运动

14.3　实验习题

用 MATLAB 软件实现以下操作：

（1）构造一个直角三角形刚体矩阵 X；

（2）先对刚体逆时针转动 $\frac{\pi}{4}$，然后再向下移动 20，向右移动 20；

（3）先对刚体向下移动 20，再向右移动 20，然后对刚体逆时针转动 $\frac{\pi}{4}$。

实验 15　Hill$_2$ 密码的加密、解密与破译

15.1　实验指导

本实验研究了 Hill$_2$ 密码的加密、解密与破译的数学模型及求解方法，当码值较长时，借助 MATLAB 可以高效地进行求解。表 15.1 给出了与本实验相关的 MATLAB 命令。

表 15.1　与本实验相关的 MATLAB 命令

命　　令	功　能　说　明	位置
mod(i, N)	计算 i 除以 N 的余	例 15.1
det(A)	求矩阵 A 的行列式	例 15.1
inv(A)	求矩阵 A 的逆	

Hill$_2$ 密码是一种传统的密码体系，它的加密过程可以用以下流程来描述：

$$\text{明文} \rightarrow \text{加密器} \rightarrow \text{密文} \rightarrow \text{普通信道} \rightarrow \begin{cases} \text{解码器} \rightarrow \text{明文} \\ \text{密码分析（被敌方截获）} \end{cases}$$

在这个过程中，用到的数学手段是矩阵运算，加密过程的具体步骤如下：

（1）根据明文字母的表值，将明文信息用数字表示，明文信息可以由 26 个字母 A～Z 表示，也可以不止 26 个字母，可以含数字或符号。通信双方事先约定这 26 个字母的表值。

（2）选择一个二阶可逆整数矩阵 $\boldsymbol{A}$，称为 Hill$_2$ 密码的加密矩阵，它是这个加密体系的"密钥"。

（3）将明文字母依次逐对分组，Hill$_2$ 密码的加密矩阵为二阶矩阵，则明文字母两个一组（Hill$_n$ 是 n 个字母分成一组），若最后一组字母数不足，则补充一些没有意义的哑字母，这样使每一组都由两个字母组成，查出每个明文字母的表值，构成一个向量 $\boldsymbol{\alpha}$。

（4）$\boldsymbol{A}$ 乘以 $\boldsymbol{\alpha}$，得一新的二维列向量 $\boldsymbol{\beta} = \boldsymbol{A}\boldsymbol{\alpha}$，由 $\boldsymbol{\beta}$ 的两个分量反查字母表值得到的两个字母即为密文字母。

以上四步即为 Hill$_2$ 密码的加密过程，解密过程为上述过程的逆过程。

如何在模意义下求解方程组

$$\boldsymbol{A}\boldsymbol{\alpha} = \boldsymbol{\beta} \tag{17-1}$$

在线性代数中，式(17－1)有唯一解的充要条件是矩阵 A 可逆，但模意义下矩阵逆的含义却有所不同。记 $G_m=\{0,1,2,\cdots,m-1\}$，m 为一整数。

下面给出模 m 下矩阵可逆的定义。

定义 1 对于一个元素属于集合 G_m 的 n 阶方阵 A，若存在一个元素属于 G_m 的方阵 B，使得

$$AB = BA = E(\bmod\ m) \qquad\qquad (17-2)$$

则称 A 为模 m 可逆，B 为 A 模 m 的逆矩阵，记作 $B=A^{-1}(\bmod\ m)$。

定义 2 设 G_m 的一个整数 x，存在 G_m 的一个整数 y，使得 $xy=1(\bmod\ m)$，则称 y 为 x 的乘法逆(或者称为倒数)，记作 $y=x^{-1}(\bmod\ m)$。

可以证明，如果 x 与 m 无公共素数因子，则 x 有唯一的模 m 倒数。据此不加证明地给出如下命题：

命题 元素属于 G_m 的方阵 A 模 m 可逆的充要条件是：m 和 $\det A$ 没有公因子。

易见，所选加密矩阵必须符合该命题的条件。

前面的加密与解密过程类似于二维向量空间进行线性变换及其逆变换。每个明文向量是一个 G_m 上的二维向量，乘以加密矩阵后，仍为 G_m 上的二维向量。由于加密矩阵 A 为可逆矩阵，所以知道了两个线性无关的二维明文向量与其对应的密文向量，就可以求出它的加密矩阵 A 及 A^{-1}。

15.2 实验内容

例 15.1 (1)甲方收到与之有秘密通信往来的乙方的一个密文信息，密文内容如下：

AXSTZOSAOPBSTKSANKOPSAHAUUNSUUAKGAUZCKOPDO

按照甲方和乙方的约定，他们之间的密文采用 $Hill_2$ 密码，密钥为二阶矩阵

$$A = \begin{bmatrix} 1 & 1 \\ 0 & 3 \end{bmatrix}$$

且 26 个英文字母与 0～25 的整数建立一一对应关系，称为字母表值，具体的表值见表 15.2，问这段密文的原意是什么？

表 15.2 字母表值

A	B	C	D	E	F	G	H	I	J	K	L	M
1	2	3	4	5	6	7	8	9	10	11	12	13
N	O	P	Q	R	S	T	U	V	W	X	Y	Z
14	15	16	17	18	19	20	21	22	23	24	25	0

表 15.3 给出了模 26 的倒数表。

表 15.3 模 26 倒数表

a	1	3	5	7	9	11	15	17	19	21	23	25
a^{-1}	1	9	21	15	3	19	7	23	11	5	17	25

(2) 如果丙方截获了一段密文：

AJLMYAJUNMXEXCAXQJMAPFNASAUU

经分析这段密文是用 $Hill_2$ 密码编译的，且这段密文中的字母 A、J、N、M 分别对应字母 O、L、A、M，能否破译这段密文的内容呢？

解 问题(1)所选的明文字母共有 26 个，将密文相邻两个字母分成一组，如下：

AX ST ZO SA OP BS TK SA NK OP SA HA UU NS
UU AK GA UZ CK OP DO

根据表 17.1 列出的字母表值构造 21 组二维列向量：

$$\begin{pmatrix}1\\24\end{pmatrix}, \begin{pmatrix}19\\20\end{pmatrix}, \begin{pmatrix}0\\15\end{pmatrix}, \begin{pmatrix}19\\1\end{pmatrix}, \begin{pmatrix}15\\16\end{pmatrix}, \begin{pmatrix}2\\19\end{pmatrix}, \begin{pmatrix}20\\11\end{pmatrix}, \begin{pmatrix}19\\1\end{pmatrix}, \begin{pmatrix}14\\11\end{pmatrix}, \begin{pmatrix}15\\16\end{pmatrix}, \begin{pmatrix}19\\1\end{pmatrix}, \cdots,$$

$$\begin{pmatrix}3\\11\end{pmatrix}, \begin{pmatrix}15\\16\end{pmatrix}, \begin{pmatrix}4\\15\end{pmatrix}$$

在 MATLAB 命令窗口输入：

```
A=[1, 1; 0, 3];
a=det(A)                        %检验 A 是否可逆
alpha=mod(inv(A). *27, 26)       %对矩阵 A 的逆进行模 26 运算
Miwen=[1, 24; 19, 20; 0, 15; 19, 1; 15, 16; 2, 19; 20, 11; 19, 1; 14, 11; 15, 16; 19, 1; 8,
       1; 21, 21; 14, 19; 21, 21; 1, 11; 7, 1; 21, 0; 3, 11; 15, 16; 4, 15]';
                                %21 组二维列向量组成的矩阵
Mingwen=zeros(2, 21);
for i=1: 21
     Mingwen(:, i)=mod(alpha * Miwen(:, i), 26);  %求密文向量组对应的明文
end
Mingwen
```

结果为：

a =

 　3

alpha =

 　1　　　17

$$Mingwen = \begin{matrix} 0 & & & & & & & & & & & & & & & & & & & 9 \end{matrix}$$

$$\begin{matrix}
19 & 21 & 21 & 10 & 1 & 13 & 25 & 10 & 19 & 1 & 10 & 25 & 14 & 25 & 14 & 6 & 24 & 21 & 8 & 1 & 25 \\
8 & 24 & 5 & 9 & 14 & 15 & 21 & 9 & 21 & 14 & 9 & 9 & 7 & 15 & 7 & 21 & 9 & 0 & 21 & 14 & 5
\end{matrix}$$

综上可得表 15.4 所示的明文与密文对照表。

表 15.4　明文与密文对照表

序号	密文	密文表值		表值向量		明文	序号	密文	密文表值		表值向量		明文
1	A X	1	24	19	8	S H	12	H A	8	1	25	9	Y I
2	S T	19	20	21	24	U X	13	U U	21	21	14	7	N G
3	Z O	0	15	21	5	U E	14	N S	14	19	25	15	Y O
4	S A	19	1	10	9	J I	15	U U	21	21	14	7	N G
5	O P	15	16	1	14	A N	16	A K	1	11	6	21	F U
6	B S	2	19	13	15	M O	17	G A	7	1	24	9	X I
7	T K	20	11	25	21	Y U	18	U Z	21	0	21	0	U Z
8	S A	19	1	10	9	J I	19	C K	3	11	8	21	H U
9	N K	14	11	19	21	S U	20	O P	15	16	1	14	A N
10	O P	15	16	1	14	A N	21	D O	4	15	25	5	Y E
11	S A	19	1	10	9	J I							

将译出的明文依据汉语拼音写出，经组合得到

SHUXUEJIANMOYUJISUANJIYINGYONGFUXIUZHUANYE

问题(2)属于破译问题。密文中只出现一些字母，当然它可以是汉语拼音、英文字母或其他语言字母，所以可猜测秘密信息是由 26 个字母组成。设 $m=26$，通常由破译部门通过大量的统计分析与语言分析确定表值。例如，所确定的表值就是表 15.2，则有

$$\binom{A}{J} \leftrightarrow \binom{O}{L}, \quad \binom{N}{M} \leftrightarrow \binom{A}{M}$$

由表 15.2 得

$$\binom{A}{J} \leftrightarrow \boldsymbol{\beta}_1 = \binom{1}{10} = \boldsymbol{A}\boldsymbol{\alpha}_1 \Leftrightarrow \boldsymbol{\alpha}_1 = \binom{15}{12} \leftrightarrow \binom{O}{L}$$

$$\binom{N}{M} \leftrightarrow \boldsymbol{\beta}_2 = \binom{14}{13} = \boldsymbol{A}\boldsymbol{\alpha}_2 \Leftrightarrow \boldsymbol{\alpha}_2 = \binom{1}{13} \leftrightarrow \binom{A}{M}$$

在模 26 的意义下，$|\boldsymbol{\alpha}_1, \boldsymbol{\alpha}_2| = \begin{vmatrix} 15 & 1 \\ 12 & 13 \end{vmatrix} (\bmod 26) = 1$，它有模 26 的倒数，所以在模 26 的意义下，$\boldsymbol{\alpha}_1$、$\boldsymbol{\alpha}_2$ 是线性无关的。类似地，可以验证 $\boldsymbol{\beta}_1$、$\boldsymbol{\beta}_2$ 在模 26 下也是线性无关的。

借助线性代数的一些运算可以求得密钥 $\boldsymbol{A} = \begin{pmatrix} 1 & 1 \\ 0 & 3 \end{pmatrix}$，其后的运算完全等价于第(1)问。

得这段密文的明文为

OLYMPICGAMESWASHELDINBEIJING

15.3　实验习题

设字母表值如表 15.2，

(1) 甲方收到与之有秘密通信往来的乙方的一个密文信息，密文内容如下：

WOWUYSBACPGZSAVCOVKPEWCPADKPPABUJCQLYXQEZAACPP

已知密钥为

$$A = \begin{pmatrix} 1 & 2 \\ 0 & 3 \end{pmatrix}$$

能否知道这段密文的意思？

(2) 甲方截获了一段密文：

OJWPISWAZUXAUUISEABAUCRSIPLBHAAMMLPJJOTENH

经分析这段密文是用 Hill_2 密码编译的，且这段密文中的字母 U、C、R、S 依次代表字母 T、A、C、O，能否破译这段密文的内容？

参 考 文 献

[1] 陈怀琛，高淑萍，杨威. 工程线性代数（MATLAB 版）. 北京：电子工业出版社，2007
[2] 陈怀琛，龚杰民. 线性代数实践及 MATLAB 入门. 2 版. 北京：电子工业出版社，2009
[3] 姜启源，谢金星，叶俊. 数学模型. 3 版. 北京：高等教育出版社，2004
[4] 乐经良. 数学实验. 北京：高等教育出版社，2000
[5] 李尚志，陈发来，张韵华，吴耀华. 数学实验. 2 版. 北京：高等教育出版社，2004
[6] 理宏艳，王雅芝. 数学实验. 2 版. 北京：清华大学出版社，2007
[7] 邵建峰，刘彬. 线性代数学习指导与 MATLAB 编程实践. 北京：化学工业出版社，
[8] 谢云荪、张志让. 数学实验. 北京：科学出版社，2007
[9] 万福永，戴浩晖，潘建瑜. 数学实验教程. 北京：科学出版社，2006